真诚
SINCERITY

善意
GOODWILL

精致
EXQUISITENESS

完美
PERFECTION

创 造 城 市 的 美 丽

绿城产品年鉴

2022 — 2023

绿城中国　编著

同济大学出版社·上海

编委会

寄语

　　产品，是绿城的立身之本。

　　绿城人，带着让世界更美好的责任心和使命感，是理想主义的实践者。在绿城，产品不只是物理空间的简单堆砌，更是我们对生活品质不懈追求的体现，是我们对完美细节的执着坚守。

　　面对房地产市场的每一次波动，绿城都将其视为提升产品力的机遇。在新的市场形势下，产品力的定义也进一步拓展，升华为更多维的内涵：引领力、设计力、展示力、营造力、经营力、组织力，六力协同以实现产品力最优。

　　绿城将2022—2023年的产品成果集结成为这本年鉴，以此为履痕，也鉴照未来。

　　绿城的产品主义之路，要坚定地走下去。

序

  在绿城中国的发展史上,产品力是不变的主旋律。

  面对行业风云变幻,在不确定的时代,绿城给出了确定的答案:以客户为中心,以品质为信仰,以产品力为灯塔,不惧寒潮,走出独立且稳健的高品质之路。

  我们明白,优秀的产品力不仅仅是对传统与经典的致敬,更在于进无止境的创新与自我突破。"高颜值、极贤惠、最聪明、房低碳、全周期、人健康"——绿城"好房子"持续升维,以满足时代的需求,让每一个作品都成为样本,引领行业风潮和进步。

  展望未来,行业波动仍在,绿城唯有坚持"特而美"的定位,以产品力为支点,以绿城"好房子"为突破口,主动调整发展节奏,推动公司发展由量到质的转变。

  驭光而行,与时舒卷。2022—2023年,绿城产品创新硕果丰盈,集结成为这本年鉴,作为珍贵的资料以供借鉴。激浊扬清,不断精进,希望有更多好的作品得以呈现。

  是为序。

品相
APPEARANCE

品质
QUALITY

品位
SENSE

品牌
BRAND

品行
INTEGRITY

品格
CHARACTER

上海前滩百合园实景

上海弘安里样板间实景

杭州馥香园实景

衢州礼贤未来社区实景

目录

示范的力量
有实景的栖居，有诗意的体验

多样的力量
有活力的社区，有理想的小镇

代建的力量
有价值的服务，有确幸的美好

创新发展，行稳致远

—— 张继良，绿城中国集团副总裁、总规划师

坚持以人为本，让城市更温暖

作为城市营造者，我们深知自身的社会责任不仅在于提升城市样貌，更在于关注城市发展需求，旨在从内而外全方位提升城市品质。

人们来到城市是为了生活，人们居住在城市是为了更好的生活。其中关键，正在于何谓"生活得更好"。从某种意义上说，一部城市历史，就是一部人类向着美好生活前行的发展史。让城市更有温度，是使人们得以享受更美好生活的关键所在。

随着中国进入转变发展方式、优化经济结构、转换增长动力的关键时期，我们面临着一个经济形势复杂多变、市场环境快速更迭、新旧模式交替转换的阶段。2022—2023年，绿城房地产产品在一系列"变化"的背景下，始终关注国家发展需要、人民生活需要，坚持以人为本，大力提升居住品质，努力营造符合时代需求、符合发展需求的居住产品，并探索出了一条高质量的发展之路。

杭州芝澜月华示范区实景

北京西山云庐实景

践行产品主义,让生活更精彩

2019年,绿城开始编制"战略2025"规划,谋划未来5年发展蓝图。战略启动伊始,绿城中国董事会主席张亚东开创性提出"前置创新"理念,让产品创新成为常态,在行业内率先实现"创新一代、生产一代、储备一代"的新模式。接下来的两年,绿城坚持创新的"二八法则",推进产研结合,强化创新落地。设计共享中心、研发设计中心的成立,标志着绿城在产品设计发展上迈入新里程。

2022—2023年,行业形势受供需两端变化影响,叠加新冠疫情等因素影响,持续下行。但绿城却集中力量大幅提升产品力,客户研究、设计、建设等环节都围绕产品创新全面展开,旨在打造一个由集团和区域双轮驱动的产品创新生态系统,构建一个底盘坚固、腰部强大、头脑灵活的**产品力体系**。绿城从"**创IP、展全维、重融合、善精雕、强配套**"五个维度全面发力,实现了产品力的跃升,打造了诸多品质标杆,并在保持房地产百强企业综合实力TOP 10的前提下,在中指研究院、克而瑞及亿翰智库三大权威机构产品力测评中均独占鳌头。

创IP:绿城成功孵化了"无界公寓""中央车站""春知学堂"等创新IP,其中,"无界公寓"通过结构创新,呈现了更为开放与灵活的户型格局;"中央车站"通过垂直人车分流的设计,提升了归家体验;"春知学堂"集合"趣学""乐玩""妙用"模块,激发了儿童对植物世界的热爱。

展全维:绿城通过聚焦建设全维实景示范区,为客户预展了未来生活的美好,同时更全面展示了绿城产品力。2023年,在上海、北京、杭州、宁波等地,绿城全维实景示范区陆续亮相,迅速成为客户和业界人士的新晋打卡热点。精心设计的园区入口、主题景观、建筑立面、样板间等,实景展现了园区生活的重要场景与节点,充分实现了"所见即所得"的客户体验。

重融合:绿城在规划设计之初,就努力将园区与城市、自然环境高度融合,以呈现和谐统一的美感。杭州芝澜月华,绿城将单体园区融入城市之中,引入"生息社区"概念,让园区的城市界面变得更加柔和,重构街道生活场景;杭州咏溪云庐,绿城因地制宜,尊重每一处自然景观,在规划中巧妙利用自然所赐的水系、丘陵禀赋,汲取杭州山水之精髓,将"九溪十八涧"的景致融入园中,宛如一幅生动的山水画卷。

武汉湖畔云庐大堂实景

长沙凤起麓鸣架空层实景

善精雕： 绿城坚持"远景看气质和精神，中景看样貌和身材，近景看五官和细节"的审美理念，在建筑设计上精雕细琢。在户型设计上，绿城定制18大户型要点，讲究理性的尺度控制，重视功能版块的精研，通过进深800mm的库式收纳空间、隐藏式收纳、集中收纳、分置收纳等多样化设计，将收纳空间大幅提增。后加装业务的推出，在进一步满足业主的个性化需求的同时，延伸了公司的产业链。

强配套： 绿城重点提升了园区架空层、会所、地下车库等配套内容。架空层充分考虑不同人群的需求，打造多功能的全龄生活空间场景。会所常围绕景色优美的下沉庭院设置，提供宽敞明亮的社交和休闲空间，高端项目中配备室内泳池、健身中心、私宴餐厅等功能设施。在重点刻画原地下单元门厅的基础上，绿城增加了"地库玄关""地下光厅"，让车行归家之路更有仪式感。

过去两年，绿城不断超越自我，逐步构建起面向未来的产品体系，全新引领型产品系"月华系"面世，"云庐系"新作频出，"晓风系"焕发新生，"春风系"蓬勃发展……这些产品系极大拓宽了产品谱系的外延，体现着绿城追求，沉淀出产品智慧，更诠释着绿城如何将致美刻进作品。

营造绿城好房子，助力行业新发展

　　绿城产品战略的前瞻性布局，为其持续的发展打下了良好的基础。更难能可贵的是，绿城将过往20多年的行业经历、需求变化、产品沉淀和开发经验进行总结，进一步推动着全面和精细的研发与创新。在行业变革的新形势下，董事会主席张亚东遵循国家"绿色、低碳、智能、安全"的好房子建设方针，提出了绿城"好房子"概念，包括**"高颜值、极贤惠、最聪明、房低碳、全周期、人健康"** 六大要素，致力于构筑新时代的理想家园。

　　高颜值，是绿城独特的美学范式。在时间孕育下，绿城形成了多维度、立体化的"8×22×22"产品谱系，包含8大产品系、22个产品品类、22种产品风格。其中，22种产品风格，如法式、中式、诚园式、桂语式、潮鸣式、云庐式等，引领行业审美。未来，绿城的"颜值"在传承基础上，还将不断焕新。

　　极贤惠，是绿城对居住者生活的深度关照，以礼序、体验、与城市共融及服务升级的园区，为居住者打造温馨的社区空间。近两年，绿城精心构建了"139"归家动线体系*，并在杭州馥香园、嘉兴晓风印月、宁波凤鸣云翠等多个项目中落地，重点优化了园区大堂、单元门厅、地下空间三大核心体验空间，为客户打造舒适且有尊崇感的回家路。

　　最聪明，是绿城对科技力量的充分运用。通过系统化、场景化的智能化设施，为业主提供安全、便捷、舒适的生活场景。绿城还充分利用大数据、AI、物联网等新科技，连接物与人、人与人、人与空间，将科技的力量渗透园区各个角落，让科技的温度流淌于生活。绿城的"智慧宅"已在嘉兴、义乌、台州、南京等多个城市试点落地。

　　房低碳，是绿城以核心技术为引领，打造行业未来的新型绿色建筑体系。绿城始终坚守长期主义的理念，坚定地走在绿色可持续发展的道路上。截至2023年6月，绿城已累计完成绿色建筑项目242个，且在建项目中装配式技术的应用比例超过70%。绿城对绿色节能的持续探索，赢得了行业的广泛认可，并在"2023中国绿色低碳地产TOP 10"评选中荣获第一。

　　全周期，是绿城以建筑长寿化、建筑成长化和服务全面化三大策略为核心，以高品质的建造和精细化的后期运维，提升住宅全生命周期品质的追求。绿城通过技术手段对主体结构、外围护、设备管线等进行优化，实现建筑长寿化。绿城借助结构创新，为业主提供更具灵活度和成长性的家，并通过周到的服务来不断提升产品全周期品质。

　　人健康，是绿城以优良的房屋质量和长久舒适的人居体验，为客户塑造健康生活。绿城聚焦环境、生活、技术三个健康维度，并运用先进的建筑技术和材料，如隔声降噪措施、高显色照明、中央净水系统、新风系统等，确保室内生活环境的舒适度和健康性。同时，绿城还重视社区的活力、营养、自然和邻里关系，通过提供丰富的社区活动和运动设施，促进居民的身心健康。

---

*所谓"139"是指："1"个初心，即绿城坚持"为客户创造从城市到户内的美好体验"；"3"大重点空间，即园区大堂、单元门厅、地下空间三大归家的核心体验空间；分布于三大空间之上的"9"条动线，即地面快捷动线、夜归动线、地下人行动线、非机动车动线、机动车动线、人行游园动线、后勤动线、健康动线、智慧动线。

上海弘安里实景

　　为确保绿城"好房子"的落地，我们致力于提升产品力。产品力是一系列综合能力的体现，涵盖精准的土地投资研判、深入的客户研究、持续的产品研发创新、严格的工程质量控制、精准的营销策略，以及精心的品牌价值传播。产品力包括引领力、设计力、展示力、营造力、经营力和组织力，"六力协同"缺一不可。好产品背后，必然需要一套完善的体系作为支撑。因此，我们确立了"提升综合产品力"和"构建产品力体系"为两大核心战略目标。全集团上下团结一心，共同推进横向协同与纵向贯通的"大融合"模式，以确保绿城产品在未来发展中能够持续获得核心动力。

　　处在充满挑战与机遇的时代，绿城作为一家致力于推动行业发展的企业，不仅深刻理解时代和行业的变化，更将这种理解转化为推动自身持续稳健发展的核心动力。绿城坚持做产品主义者和长期主义者，这不仅是其成为绿城的根本原因，也是其能够在中国城市化进程中发挥推动者角色，成为中国美好人居环境的构建者的关键所在。未来，绿城还将不断打磨和提升自身的产品力，推动行业的平稳健康和高质量发展，为业主的幸福安居倾尽所能，让更多人住上更好的房子。

综述

创新引领发展，品质传承百年

常变，绿城长青

唯变不变。

无论是企业还是从业者，读懂时代和行业的变化，极为重要。因为本质上，企业的命运和时代的
轨迹，往往同频共振。

城市化，是历史进程的一部分；房地产，作为城市化进程中必不可少的一部分，与城市化一样，
必然经历不同的发展阶段。

近年来，房地产行业正经历着深远且巨大的转变。2021年，中国商品房销售额达到历史顶峰的
18.19万亿元，而2022年和2023年分别为13.33万亿元和11.66万亿元，规模收缩幅度显著。与此同时，
2023年中国城镇人口的增加量仅为1196万人。

这些数据，无疑是供需关系变化的直观写照。

房地产行业进入深度调整期，出现了市场、资源、企业、产品的"四个分化"，同时也出现了
"四个变化"，即发展阶段从增量时代变为存量时代，供求关系从供不应求变为供大于求，市场结构
从刚需为主变为改善为主，房屋功能需求从金融属性回归居住属性。

面对行业新的前景和环境，绿城一直在深思：作为一家房地产企业，能做些什么，又该如何做得
更好。唯有不断超越自我，以持续改革应对行业变化，积极推动发展模式由以"扩量"为主的粗放式
发展，向以"提质"为主的内涵式发展转变。

面对"不确定"的时代，绿城来了！

杭州芝澜月华实景

聚焦，绿城行稳

2021年之后，房地产行业开始深度调整，高杠杆、高周转、金融化在行业的调整中遭受了各种"不适"。某种程度上，这就是房地产行业的"祛魅"，让房子逐渐回归到房子本身的过程，也是"房住不炒"的真正体现。

产品力，开始重新成为这个行业的主角

面对瞬息万变的市场和行业，绿城以"最懂客户，最懂产品"作为战略支点，全面聚焦产品，发挥自集团创立伊始便具备的产品优势和追逐理想主义的情怀，以产品力突围市场。

2022年和2023年，尽管行业规模从高峰期的18.19万亿元急剧萎缩至11.66万亿元，降幅近三分之一，但绿城依然持续保持着3000亿元以上的年度销售额，行业占比从2021年的1.93%提升至2023年的2.58%，成为逆势前行的极少数企业之一。

坚持以客户为中心的产品主义，使绿城在长期主义的航道上，稳健前行

然而，如果仅是因为行业的震动和调整而被动地关注产品战略，那绿城就不足以成为今日的绿城。在房地产企业整体追求规模效应的大趋势之时，绿城早已在精准布局，"苦练内功"。

2019年，绿城通过对既往600余个项目、1000余个分期项目的系统性梳理，总结了过去多年的行业经验、产品积淀和开发经验，形成8大产品系列、22个产品品类、22种建筑风格的立体化、多维度产品谱系。

同年，绿城中国董事会主席张亚东提出"前置创新"，即绿城要向制造业学习，先研发再生产，做到"一年创新、两年落地、三年复制"，要走向制度化、体系化、常态化的创新研发道路。

投入巨大精力和物力的产品研发创新，使得绿城不再只是被动地应对市场，而是主动构建了体系化的产品创新能力，为市场变革做好了充分准备。

北京西山云庐实景

精耕，绿城向好

梳理绿城与时代共进的步伐，可以清晰地看到绿城近年来的三大阶段性变化：从被追求规模的行业浪潮裹挟前行，快中求好；到兼顾速度的同时，定力聚焦产品，好中有快；再到主动研发，并用体系化产品能力，全面助力行业进步，好中求立。

绿城，生动诠释了一家企业在时代巨变之中，应时而动，持续改革，并坚守以客户为中心的产品主义，以品质穿越周期。

快中求好！2020—2021年

2020—2021年，是绿城拓展规模的时期，绿城年度销售额从2020年的2892亿元，快速跃升至2021年的3509亿元，年度增幅高达21%。这两年内，绿城在41座城市新增项目186个，总建筑面积达到3892万m²，销售额约为6400亿元，稳居国内房企TOP 10第一阵营，产品力、业绩和市值均表现优异。

同时，绿城开始编制"战略2025"规划，谋划未来5年发展目标，谋定而后动。战略编制之后，绿城的前瞻性眼光投向更远——成立研发设计中心，是绿城在产品发展史上的里程碑事件。在坚持"二八法则"的基础上，它像实验室一样，不断助力绿城突破想象力的边界，不断研发面向未来的新产品，绿城拥有了更高更广的产品舞台。

好中有快！2022—2023年年初

2022—2023年年初，行业受到疫情等不确定因素的深度影响，供需两端均发生重大变化，房地产行业的光环开始褪去。居住，成为人们关注的第一主题。

在持续保持规模的基础上，绿城进一步搭建"大设计体系"，涵盖产品研发的设计全周期，不断横向拓宽业务模式、纵向挖掘产品的深度：横向积极发展代建业务、城市更新、未来社区等；纵向深度挖掘市场和客户需求，前置创新课题开花落地，孵化了"无界公寓""中央车站""春知学堂""生活街角"等多个创新IP。

2022年年底，绿城全面发力打造全维实景示范区，通过对标学习、沉淀、内化、完善，快速建立起示范区管理体系，逐渐形成了一套自身独特的打法。

全维实景示范区强调展示力，通过精心设计的园区入口、主题景观、建筑立面、样板间、创新IP以及"139"归家动线体系，呈现未来园区生活的重要场景与节点，让客户"所见即所得"。

上海弘安里实景

以杭州燕语春风居的全维实景示范区亮相为起始，不同风格的示范区样本在北京、上海、武汉、天津等地先后绽放。绿城几乎每两到三个月就在全国各地的项目中推出新的示范区，且都能让市场为之一振，引发一场产品力的风暴。

在行业内，尤其是在绿城的大本营杭州，流传着这样一句话："唯有绿城，才能超越绿城！"

好中求立！2023年年初至今

顺应房地产行业加速分化的趋势和国家"下大力气建设好房子"的全新主张，绿城的产品主义进一步升级，聚焦高端改善，全面提质打造"特而美"，在"六力协同"（引领力、设计力、展示力、营造力、经营力、组织力）之下，专注打造城市封面级作品。

绿城深知存量时代，改善为王。但改善的重点不是"改"，而是"善"，以更好的产品、品质，激发甚至引领市场和客户对美好生活的向往和需求。

为此，绿城研发设计、客研、投资、产品等多部门协同，以用户思维进行系统的产品力升级，在严重内卷的房地产存量市场，快速建立了独有的产品体系。全新引领型产品"月华系"面世，"云庐系"自我更新，"晓风系""春风系"等开枝散叶……满足高端改善需求，并由此诞生一系列的创新IP，如"生息社区""心林物语""中央岛"等，打造了一批叫好又叫座的城市标杆。

绿城，用自我搭建并经过市场检验的优质产品力，成为中国房地产品质建设和美好人居的重要引领和推动力量。

六立，绿城践行

从快中求好到好中有快，再到如今的好中求立，与时共进的绿城，拥有了驱动、引领行业和自我更新、大步前行的全新力量。从某种程度上说，读懂了绿城，也就读懂了行业的未来。

和无数企业不同的是，绿城不是简单地耗时数年做好某个单品，也不希望简单地做某个爆款，而是通过体系化的能力构建，结合企业愿景和对市场、客户的敬畏与尊重，实现从研发到落地的完美闭环。

绿城不断实践"真诚善意，精致完美"的核心价值观，以"六品"作为行为导向与准则。1995年成立的绿城，即将步入公司创立之后的第三十个年头。而立之年的绿城期望实现"六立"：立德，立位，立念，立言，立矩，立制。

立德，匠心筑梦，温暖人心

绿城相信，房子不只是房子，每一套房子背后都是人，是人对家的渴望、对温馨安定的追求，是人对美好生活的向往和为此所做的努力。每一套房子，就是人生命的一段时光。因此，绿城恪守人文主义情怀，致力于创造有温度的居住空间，为更多人造更好房子，履行其社会责任。

立位，品质领航，树立标杆

通过实施"战略2025"规划，绿城致力于成为房地产行业TOP 10的品质标杆。绿城不仅追求规模的增长，更注重品质的提升。绿城所追求的品质，不仅是产品品质，更是全方位地让客户感受到颜值倾心、功能舒心、居住安心、服务贴心。

立念，人文主义，美好生活

绿城以人文主义精神为指导，相信产品是企业理念和价值观的体现，是绿城对美好生活承诺的最好证明。真诚，是绿城以人为本的产品思维；善意，是绿城生活至上的产品逻辑；精致，是绿城努力追求的产品特质；完美，是绿城精心营造的产品标准。

立言，信念驱动，产品主义

产品就是绿城的"言"，是绿城以古代先贤远哲的"三不朽"为标准，"取法极致"的体现。老子曾曰："大道甚夷而民好径。"绿城始终恪守底线，奉行正道，无论是在房产开发领域还是代建领域，始终坚持做长期主义实践者。绿城坚信，产品主义的大道才是永恒的康庄大道。

立矩，规范管理，稳健发展

绿城深知规范的管理体系是企业稳健发展的基石。绿城也一直运用现代科学的企业管理模式，强化风险控制体系，确保企业在不断变化的市场环境中保持稳健发展，为实现长远目标打下坚实基础。

立制，制度创新，高效运营

绿城是一家坚持产品主义的公司，产品力是绿城的核心竞争力。绿城坚持"改革、改变、改进"，优化管理制度，坚持以品质求发展、以创新求突破，逐渐形成系统全面、科学高效、客户导向的创新体系，通过持续创新来锻造核心竞争力。

杭州咏溪云庐实景

上海弘安里实景

杭州春月锦庐实景

综述——创新引领发展，品质传承百年

使命，绿城初心

绿城始终追随明月桂花的理想，以"创造城市的美丽"为己任。

桂花有形而香气无形，以此润物无声；
月亮有形而月光无形，以此照亮夜空。

绿城坚持初心，致力于满足人们追求美好生活的本能，让更多的人住上更好的房子。绿城认为，每个人都有权利享受更好的居住环境。

绿城的产品年鉴，不仅是图片的展示，更是建筑之美的传递。每一张图片的呈现都是为了让"建筑的美好"被看见。绿城将这种心中的美好向往，变成了笔下的图纸，变成了现实中的家园。绿城知道，房地产不是冰冷的规模和数字，不是简单的立面和景观，更不是生硬的材料和工艺，因为，每一套房门的开启，背后都是一个家。

绿城不满足于以一家企业的单维视角审视自己，而是将企业的发展和时代的脉搏，连同城市化的进程、理想人居的建设，融合在一起，这也是绿城的立身之本和历史使命。绿城的产品年鉴试图以客观的视角、理性的分析、专业的记录，完整呈现绿城2022—2023年一些重点项目，内容涵盖规划、建筑、景观、室内设计等多方领域。

在时代的大潮中找到企业的立身之本和历史使命，这是"三十而立"的绿城真正的"立"。从这个角度而言，绿城的产品年鉴不仅是绿城的产品编年史，更是中国楼市产品进化史的一部分，为这个时代提供了"好房子"的典范。

"美丽建筑，美好生活"是绿城一直以来的愿景，绿城也希望邀请更多的专业人士以及公众共同参与城乡发展的交流讨论，一起见证绿城的成长，共同促进行业长远发展，携手共建理想生活。

大事记

1月11日
绿城中国规划设计委员会
2022年第一次扩大会议暨绿
城中国创新结题评审会召开

7月8日—9日
绿成第二期"品相管控系列
（涵养篇）"培训开班

11月19日
绿城杭州"海棠三子"拿地后
208天售罄

2022

8月31日
绿城首个超高层商用项目绿城
诸暨中心交付

12月1日
绿城在中指研究院、克而瑞、亿
翰智库三大机构的2022年产品
力测评中实现大满贯；"凤起
系""云庐系"产品入选克而瑞
"2022年全国十大顶级豪宅产
品系"

5月13日
绿城中国客研委员会成立并发
布"LDKB""春知学堂"等
多项客研成果

10月24日
绿城中国成本招采委员会成立

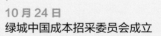

3月
绿城管理被北京中指信息技术
研究院评为"2022年中国房
地产代建运营引领企业"

1月13日
《创造城市的美丽——绿城产品年鉴 2020—2021》发布

8月10日—11日
绿城第三期"品相管控系列（融合篇）"培训开班

11月22日—23日
第十四届中国房地产科学发展论坛上，张亚东提出"让更多人住上更好的房子"

2023

6月18日
绿城华中"无界中国"未来设计沙龙开幕，并发布"无界公寓"创新成果

5月
绿城管理被北京中指信息技术研究院列为 2023 年中国房地产上市公司代建运营优秀企业 TOP 1

3月28日
绿城"139"归家动线体系发布，寄托了"明月金桂伴归家"的美好意涵

3月2号
绿城中国规划设计委员会 2023 年第 2 次扩大会议召开，并明确"持续创新，是绿城的基因"

9月23日—10月8日
杭州亚运村启用

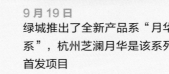

9月19日
绿城推出了全新产品系"月华系"，杭州芝澜月华是该系列首发项目

8月23日
"绿城产品力深度学习大会"召开

11月28日
绿城再度揽获中指研究院、克而瑞、亿翰智库三大机构 2023 年产品力测评大满贯；"云庐系"产品获评克而瑞"2023 年全国十大顶级豪宅产品系"

产品的力量

有温度的城市，有灵魂的社区

流水的形骸，铁打的文脉

任何一座城市都不是一天建成的，所有伟大的城市都是从历史的变迁中一路走来。城市仿若复杂的生命体，随着时间逐渐生长；又如若自然的四季更替，在不断的新陈代谢里演进。

上海近现代城市的发展，走过百多年的起伏跌宕，经历过辉煌与停滞，如今回归"人民城市"建设，城市更新精彩依旧。上海城市海纳百川，兼容并蓄，建筑百花齐放，各美其美。每一组建筑，每一个街区，都有其精彩华章，和而不同，共同组成上海的城市蒙太奇，拼贴出上海城市和谐共生的生动图景。

上海因水而生。在近二百年间，上海城市肌理沿黄浦江、苏州河蜿蜒，在走向全球城市道路上持续更新、发展。历史上的外滩历经三次更新，才留下万国建筑博览群的标志性立面，勾勒出独特的天际线。外滩对岸的浦东陆家嘴，在20世纪90年代开发开放后，从曾经的农田、工业码头、仓库、工厂，摇身成为城市高地、上海CBD核心区，也是全中国的金融中心。如今，外滩继续沿南北向伸展，虹口北外滩和黄浦南外滩已初见端倪。那些拔地而起的高楼底层，牵连着街道尺度和肌理，与外滩和陆家嘴相呼应。与此同时，苏州河沿岸的一系列工厂、仓库，通过近二十载的更新，重生为城市活力空间与生活新社区。

从某种意义上来说，建筑与街道密切相关、紧密相连，而上海的街道与建筑也塑造并烘托出了这座城市的独特品质和魅力。其"窄街密网"的城市空间规划格局，适合city walk的人性尺度，延续着里弄的人情温度。

街道成为城市最重要的公共空间，为城市行走增添了无尽乐趣。在上海的街道转角处，我们邂逅城市。武康大楼、国泰电影院、兰心大戏院，这些历史建筑的形态，从阳台到建筑立面线条呼应着一江一河自由的曲线，也与街道的走向呼应。而里弄街坊的开放节点与绿地空间，以及转角沿街的底层商业空间，共同形成了社区的中心与街区活力的热点，从以前烟纸店的糖果到如今精品咖啡馆的咖啡……这才是上海的生活。

在绿城，对这样的街道、转角、空间日常生活的解读和演绎，被引入了绿城"申江三部曲"的3个项目内：弘安里与河南路、武进路共生；前滩百合园以开放的立体道路，回应着上海传统街巷的公共空间体验与人们的生活方式；外滩兰庭的流动感立面和曲线阳台，致敬上海的母亲河——黄浦江的湾流与百年前的装饰主义建筑风格。

对于绿城而言，项目的打造不只是营造美丽的建筑，更是创造美好的生活。通过融入城市街巷和城市天际线，它正在建构起新的城市公共性。以弘安里项目为例，其保留了原地块的肌理、文脉，延续着区域内里弄建筑的格局和秩序。面对现代简约的几何建筑和城市机器的繁忙节奏，设计通过对尺度、材料、空间、序列的细腻打磨与温情演绎，以人文感的浪漫律动，守护着这座城市的底蕴与历史基因。那些保护修复的历史建筑、重建的里弄风貌别墅，与周边的街道、建筑共同谱写着属于这座城市的乐章。未来，让我们在河滨漫步、与绿树相伴，同河南路上近百年的弘安里相遇。

支文军

同济大学建筑与城市规划学院教授、《时代建筑》主编

上海弘安里原貌

杭州咏溪云庐实景

南宋的基因，江南的气韵

家是人的原点。每个地方的人的居住方式里，深藏着一座城市的底蕴。绿城的产品，最大程度吸收了杭州乃至浙江的山水文化，印刻下无法抹去的南宋基因。

徐洁

同济大学建筑与城市规划学院副教授、《时代建筑》执行主编

古有良渚文化和宋代文化的辉煌，今从西湖、西溪走向钱江潮头，杭州因水而"城"。源于江南自然山水的恩赐，这里四季分明、物产丰富、民众勤劳、商业发达、生活富庶，因此造就出杭州的独特气韵：温润、精致、优雅。

杭州城市的温润是良渚沉淀七千年的古玉，亲切自然、灵动细腻；杭州的精致传承了南宋的古典人文气质，融入了文人意向；杭州的优雅是时间的沉淀，岁月的打磨。杭州源于人文，因人而兴。历史上，文人们在杭州留下无数诗文，加上繁荣发达的商业所盛产的丝绸、瓷器等，都成为世界了解中国文化的窗口。

自然山水也成为杭州居住生活的基因。杭州的山水意境是黄公望的《富春山居图》中诗化的江南风景，清雅、秀丽、连绵。画的优美，对应的是建筑空间的品质。诗画的空间映射，也体现在杭州的城市建筑之中，以诗词命名的家园，导入的是情境与生活场景。

从"桃花源"开始的家园营造，与自然相伴，将诗情画意、人文气质、山水情怀、精致生活在环境与建筑中演绎，将晓风、印月、桂语、潮鸣等辞藻中蕴含的自然诗意融入生活，同时以兰庭、沁园、云庐、杨柳郡的人文古意致敬经典。近期的杭州咏溪云庐项目，以空间"旷奥"演绎江南山水自然的意境。生活馆入口曲径通幽，建筑匍匐于湖岸，檐口低沉，空间内向，彰显深奥与平静。而窗外，是开阔、明朗、舒心的湖面，如此的对比、转换，在日常生活中渲染出"桃花源记"般的意韵。

精致是对生活的要求与标准，是情感与艺术的沉淀，也是面对人生的态度。对于城市、生活而言，精致源于漫长的积累与历练，在杭州亦是如此。从一砖一瓦的构架到立面、形体，从建筑、院落到街巷、社区，从河流、湖泊到山林古寺……每一处细节，聚合的都是经年累月的才华与心血，是匠人每日专注于此的手艺展露。在杭州芝澜月华项目示范区，独特的伞状空间、连续的玻璃盒子以及穿插渗透的景观空间，构建起建筑的生动界面，让社区与城市公共空间融合共享，营造出充满活力的场所，展现了绿城产品所特有的城市人文关怀和生活精致。

绿城在产品的呈现过程中回应着江南的人文与山水，让情境交融。在那些文字和图画中，我们与苏轼、白居易、陆游、黄公望的世界相遇；在草木、溪流间，我们与山、水相通。杭州的幸福感，在于人们所生活的社区，在于日常中的人文气质和自然山水情怀。

在杭州生活的人们总有一份自豪感——杭州的山水人文中有我！

杭州春月锦庐实景

申江三部曲

　　绿城用上海"申江三部曲"——弘安里、前滩百合园、外滩兰庭给出了时代的回应。3个项目都位于上海的黄浦江畔,是海派文化的诠释;同时,都体现了绿城的产品基因,从城市文脉出发,致敬经典建筑风格,注重生活场景感营造,强调文化与艺术氛围。弘安里的石库门风貌联排,承载着城市更新的使命;前滩百合园旨在呈现更轻盈的法式风格;外滩兰庭则以弧线美学致敬经典。"申江三部曲"是面向全球化上海的顶级产品探索,更是"用建筑语言诠释绿城对上海城市精神的致敬"。

上海外滩兰庭鸟瞰效果图

弘安里鸟瞰

梦回百年，摩登重归

上海弘安里，上海

上海虹口区的北外滩是百年海派文化的发源地之一。弘安里所在的虹口17街坊，聚集了1900—1937年间不同时期的8个石库门组团。附近的天马书店，在20世纪30年代更是上海文化名流的客厅，鲁迅、郁达夫、丁玲、叶圣陶等都曾是这里的座上宾。作为"历史风貌街区"的一部分，项目实施了保护修缮、保留改造、更新改建等多种手段，同时整体保留并修复了和乐里南二弄。整体规划理念秉持低层、低密度开发，充分保留了原有的"行列式"里弄肌理布局，同时融入现代居住理念，赋予了街区新的海派生活气息。

巷弄繁花里的生活场景

弘安里项目通过对巷道的巧妙调整，将其打造成十字街道，并在空间节点处增设了一些小而美的花园，使得归家之路繁花伴行。此外，项目还充分利用地下空间，配置了会所空间，以完善园区功能，满足业主的社交需求。

传统石库门的室内采光和空间尺度并不理想，因此，项目以传统石库门为灵感，将海派文化与现代居住理念相融合，将传统里弄的"长进深、天井式"格局调整为"大面宽、短进深"的布局方式，优化了里弄空间格局和采光条件，更契合现代人的生活习惯。

项目周边肌理示意图

建筑立面细部

项目名称	上海弘安里	总建筑面积	约9.5万m²
项目地点	上海	开工时间	2022年08月
建筑设计	大象建筑设计有限公司	竣工时间	在建筹备
景观设计	浙江蓝颂园林景观设计集团有限公司	荣誉奖项	2023年全球未来设计奖城市规划类金
精装设计	CCD郑中设计事务所、上海无间建筑设		奖、2023年悉尼设计奖金奖、2023年缪
	计有限公司		斯设计大奖住宅景观设计及室内设计金
总包单位	上海公路桥梁（集团）有限公司		奖、2023年"上海市城市更新优秀示范
用地面积	约3.7万m²		项目"二等奖、克而瑞2024年"上海五
			大新地标"

样板间卧室

样板间客厅

在弘安里，我以"藏古惜今"为设计思路，在保留海派精神的同时，将其打造出更拙朴、自然的气质，从而更符合当代人返璞归真的审美需求。

从空间、视觉、材料多角度切入，形成对时光的记忆回溯，赋予居者想象空间，营造被人文与烟火滋养的空间。空间从下至上，材料上呈现"大理石—木制材料—皮革"的过渡，光线上亦从暗转向明，再转向暗，意味着居住功能上"私人聚会—家人相会—生活休憩"的转变；色调上，亦随着空间的功能而变化温度，营造出被时光浸润、被人文与烟火滋养的空间。

弘安里的设计从历史文脉出发，规避了符号化元素，转而在细节上予以呈现。为呼应传统石库门建筑中"正厅—天井—偏厅"的空间关系，客餐厅区域以开敞廊落的尺度延续海派的场地记忆。而地面拼花，则是将天马书局的出版刊物纹样，经由现代设计手法解构和转译而成。该区域上方嵌入弧度优雅的拉梅曲线，与下处方正的格局一起，包容出"天圆地方"的落阔感。客厅下方，镶嵌了一排网状金属条，将光源置入其中，压低的光感，营造出遥远的东方高古气韵。现代感和东方记忆在场景中相融交织，在朦胧的记忆中，传统得以延续，这种相互叠加本身就是上海的文化精神。

——吴滨，无间设计

经典流传下的时尚渊薮

项目样板间设计旨在以上海在地文化为原型，通过现代主义风格完成与美学的多元文化对话，营造由建筑、家具、艺术和物件所包围的生活艺术。297m²户型样板间由CCD郑中设计担纲完成，融合历史文脉，汲取老上海经典建筑元素打造海派典雅风格。381m²户型样板间由无间设计的创始人吴滨先生担纲设计，将东方传统的审美精神与西方现代的设计语言相结合，打造"摩登东方"风格。

法式浪漫，优雅再现

上海前滩百合园，上海

　　上海前滩百合园位于三林滨江西片区，拥有黄浦江、三林湾和城市森林三大景观。设计以"激发人的社会交往"为设计出发点，引入城市绿地资源，设计多样化的沿水岸空间层次，营造双首层、下沉式花园客厅等，实现城市到住家、公共向私密、动态向静态的慢速过渡。该项目更是海派城镇特色风貌的实践区，通过运用古典建筑语汇，利用土地自然的高低错落，将合院和洋房安置在合适的位置，寻找海派建筑的新生。

相得益彰，高低成趣

　　地块西侧望江，南邻三林北港，北邻城市公园。由于地块限高18m，项目规划呈南低北高——洋房靠北，联排靠南，契合南水北林的环境特征。联排内部，3层低层住宅居中，强调功能性；2层低层住宅滨水，利用退台、山花形式变化等建筑手法，在层数不变的基础上打造多样的空间层次和宜人的尺度。

　　项目内部，空间组织遵循微缩城市的逻辑，以创造有人文特质、沪上在地性的居住空间。街、巷、弄是上海城市中随处可见的场景，也是最有魅力的记忆。空间由外至内，由公共到私密，按照街、巷、弄的层级逐级打造。皓川北路沿街界面以多层法式洋房为主，风格统一且空间形式丰富。内部巷弄尺度宜人，矮房子掩映在树丛后，是旧时绿树成荫的巷弄缩影。

法式风格，城市缩影

　　项目立面采用改良的法式风格。设计细究古典建筑脉络及在上海的发展渊源，在传统联排住宅的基础上将低层住宅错位布置，力求形成自然围合的私密感。洋房在恪守古典三段式大比例的同时，在一些不影响功能的外立面重点部位，如背面山花、巴洛克式的弧窗、老虎窗等，采用相对繁复的古典细节，层次丰富，比例精到。

鸟瞰效果图

示范区实景

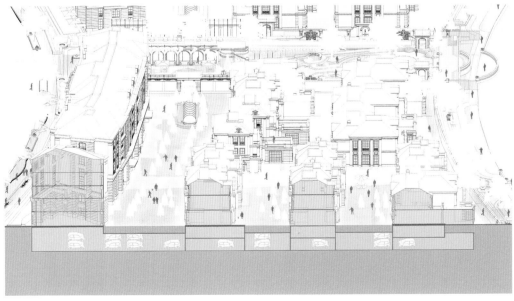

园区剖面示意图

园区水景

项目名称	上海前滩百合园
项目地点	上海
建筑设计	大象建筑设计有限公司
景观设计	LIFESCAPES INTERNATIONAL, INC.、浙江蓝颂园林景观设计集团有限公司
精装设计	Carlisle Design Studio、赫斯贝德纳设计咨询（苏州）有限公司、上海丹健环境艺术设计有限公司
总包单位	南通八建集团有限公司
用地面积	约5万m²
总建筑面积	约11万m²
开工时间	2023年12月
竣工时间	在建筹备
荣誉奖项	第四届GHDA环球人居设计大奖银奖

除石材和红砖主材外，洋房立面还大量引入了层间金属。同时，主材和玻璃之间也有金属作为勾勒，充分利用金属的材料特性，呈现出相对轻松和现代的气质。除铝板外，正面阳台栏杆采用铁艺做法，隐喻新艺术运动的建筑特征。

立面在设计时费尽周章，但在规划布局层面，却又采用消隐的策略。首层建筑尽可能被藏在绿篱院墙背后，二、三层又多有后退，尽量削弱建筑对公共街巷的压迫感，建筑的退让给到了人和自然以喘息的空间。

轴线景观，古典浪漫

景观设计深根于古典主义风格，融入丰富的层次与细节，以经典元素重塑现代奢华，打造量身定制的当代经典。项目传承古典主义，突出轴线，强调对称，注重比例，倡导人工美，注重规则有序的几何构图，在对称中寻找变化，打造法式园林界面的庄重典雅、条理清晰、秩序严谨、主从分明。

从入口景墙的尺度到线脚的变化，从入园门头的尺寸推敲到柱头形式的细节优化无不体现了在传承中精益求精的一份匠心，力求运用经典比例打造法式尊贵浪漫。入口景墙用染井吉野樱打背，主打春色叶树种；下沉庭院部分采用美国红枫，延续市政的乔木树种（弗吉尼亚栎），主打秋色叶树种；中轴景观阵列，主打夏花树种（紫薇）。搭配常绿中层，分区域点缀花镜，使得园区三季有花，四季有景，呈现法式花园中的漫步归家动线。在细节的把控上，铸铁拉花、花钵线脚等传统元素的推敲，雕塑小品软装的点缀，使得法式氛围纯正浓郁。

外滩之上，云端之下

上海外滩兰庭，上海

　　绿城·外滩兰庭坐落于历史底蕴深厚的董家渡地域。设计以老城空间为蓝本，确立与之相融的新建筑尺度，营造人与自然和谐共生的生活理想。总体上，园区构建了建筑与花园交织生长的格局，保留了街道界面的开放感和朝向黄浦江的视线通透性，为区域带来和谐而有机的更新，重燃百年外滩的城市活力。

项目名称	上海外滩兰庭
项目地点	上海
建筑设计	大象建筑设计有限公司
景观设计	浙江蓝颂园林景观设计集团有限公司
精装设计	Phoenix Prime Development Ltd.、CCD郑中设计事务所、上海恩威建筑设计有限公司
总包单位	南通八建集团有限公司
用地面积	约1.8万m²
总建筑面积	约9.7万m²
开工时间	2022年07月
竣工时间	在建中
获奖荣誉	克而瑞2023年"中国十大高端作品"、2022年TITAN泰坦地产大奖住宅类铂金奖、国际住宅建筑大奖住房概念类大奖、伦敦OPAL杰出地产大奖高层住宅类别大奖、巴黎设计奖住宅建筑-国际类别银奖、美国MUSE缪斯设计奖住宅类金奖、意大利A'DESIGN Awards建筑银奖、2023年德国标志性设计奖创新建筑奖

尊重城市风貌，对话历史文脉

项目立面借鉴了古典的三段式构图，从20世纪30年代的武康大楼等经典建筑中汲取设计灵感，提炼出装饰主义（Art Deco）艺术元素，将海派文化与现代技术相融合。转角圆弧造型贯穿于塔楼、裙房、构筑物等细节之中，大面积玻璃窗实现270°开阔视野；铝板与铝型材呈现富有设计感的建筑立面，勾勒出经典与现代的韵味。

外滩天际大宅，绿城海派范本

在横向空间上，外滩兰庭与城市文化、周边风貌街区相融合，延续的是城市的厚度与历史的底蕴，提供的是内容丰富的街区生活；在垂直向度上，它塑造了城市高度，以滨江现代天幕平层住宅，代表了上海的当代和未来。它是上海"海纳百川、兼容并蓄"城市精神的延伸，也是在一个新的时代中对上海记忆的再塑。

风雨连廊与建筑细部

引领型产品系

　　应时而动，不断创新，是绿城理想主义和产品主义最重要的载体。绿城产品优势的背后，是从未停止过的对产品的探索和创新的实践。

　　2022—2023年期间，绿城通过创新研发和标准化，结合土地、客群、产品、成本、品牌和故事线等要素，致力于满足改善型客群的居住需求，推出了全新的引领型产品系——"月华系"，更新迭代了"云庐系"。"月华系"为高层公寓，如杭州芝澜月华打造了无界美学的生息社区。"云庐系"为低密叠墅，如杭州咏溪云庐，以"现代形、东方意"为核心理念，结合山水资源，打造了游园式墅居体验。

杭州芝澜月华实景

生息社区，无界美学

月华系——杭州芝澜月华，浙江

杭州芝澜月华位于钱江新城二期的核心地带，享有丰富的资源。月华系产品的一个重要思考便是如何让园区冰冷、僵硬的城市界面变得更加柔和，使得城市、街道与人之间的联系更加亲近。经过反复推敲，项目最终从城市界面和总体规划出发，以"消融"为线索，摒弃了典型的正南北布局，让所有的楼栋与城市边界形成共构的关系，使得园区温柔地融入街道的怀抱。2023年11月初，项目全维示范区公开亮相，如同一幅栩栩如生的画卷，动人心弦。

项目名称	杭州芝澜月华
项目地点	浙江，杭州
建筑设计	浙江绿城建筑设计有限公司
景观设计	翊象设计有限公司
精装设计	上海恩威建筑设计有限公司、 浙江绿城联合设计有限公司
总包单位	浙江耀厦控股集团有限公司
用地面积	约4.6万m²
总建筑面积	约14.5万m²
开工时间	2023年06月
竣工时间	在建筹备

园区入口效果图

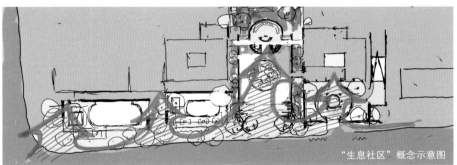

"生息社区"概念示意图

园区沿街外观效果图

设计，是对生活本真的追求与表达。生息社区，不仅是居住的空间，更是一种情感与记忆的延续。杭州的宜居之美，让我深刻体会到，城市应以人为核心，每个角落都应充满生活的温度。

在杭州芝澜月华，300m²的生活馆建筑空间，加上向外拓展、渗透的800m²户外空间，让人拥有了更多样的可能性。室外的"伞"下，是街边树荫的现代演绎，它以模糊的边界和独特的空间场景，唤起了人们对传统生活场景的怀旧之情，同时也提供了现代生活的舒适与便捷。

设计，是对价值观的重塑。在城市化进程中，我们不应让生活变得机械，而应通过设计，让生活回归本真，让精神领域的价值感得到回归。建筑是载体，生活是内容，而设计，则是连接过去与未来的桥梁，创造出一个既真实又富有情感的精神家园。

——王晓夏，浙江绿城建筑设计有限公司

生息社区，边界消融

主入口沿街界面的架空伞状空间、连续的玻璃盒子以及穿插渗透的景观空间，给城市和行人提供了一个遮风避雨、安静平和的居停空间，也塑造了一道现代靓丽的都市风景线。沿街的景墙与错落有致的绿篱，使视线得以朦胧穿透，也为在此休憩的人们提供了必要的私密感。蕨类、天堂鸟等松软飘逸的植物营造出放松且自有的场景氛围。往来的人群，在咖啡豆烘焙的香气中，沿着街区漫步、闲坐、交谈，演绎着生活的多彩篇章。

沿街空间

生活馆室内

产品的力量——有温度的城市，有灵魂的社区 / 引领型产品系

无界美学，月光触手可及

　　项目设计在绿城标杆创新课题"无界公寓"的探索和实践应用中，融合钱塘之江畔丰富深邃的人文底蕴，让高层居住的美变得可感知、可触达。项目传承了绿城经典高层产品立面美学，相较于传统直角幕墙，以弧形幕墙作为"月华系"立面风格的记忆点。立面材质中还融入自然温润的灰绿色陶板，展现出杭州人居的温润之美。项目优化高层住宅原有结构体系，实现更自由的平面布局，也让空间自由地流动、渗透。以278m²样板间为例，绿城以"转角无柱"的设计手法，在书房、主卧等空间实现"视野无界"，让满屏风景触目可及。景观部分，通过与架空层等灰空间互动，复合核心功能，落地"心林物语"创新IP，打造无边界渗透的自然美学，营造微度假氛围。

臻萃生活，月满人团圆

　　在深入调研市场趋势和客户需求后，项目更是对户型反复推敲与精心设计，落地了"中央岛"创新IP——客厅、餐厅、厨房、阳台4个功能区的一体化，形成了一个视线相通的亲情"生活剧场"，更好地促进家人之间的交流，营造全新的居家社交生活体验。278m²户型样板间，在法式设计的传统比例和风范的基础上，以现代主义的手法进行简化，通过高雅的配色、考究的用材、精致的装饰，以无处不在的品质细节，诠释着自由、温暖、优雅的舒适，让居住其中的人真切体验生活的纯粹与美好。

样板间室内

行吟溪上，山水隐藏

云庐系——杭州咏溪云庐，浙江

杭州咏溪云庐紧邻桃源小镇，周边有绿城桃花源别墅区。基地西、南群山环绕，东北有景观湖面，具有得天独厚的"云庐系"基因。2023年11月初，园区约1.3万 m² 的全维实景示范区亮相，铺呈一幅山水画卷，为"云庐系"赋予更加丰富的注解。

意从东方来，隐逸山水间

规划之初，面对"南北地块怎样有机整合""如何处理较大竖向高差"两大难题，项目经过不断踏勘与讨论，终以"借山景、串水系"的策略，形成贯穿南北的桃花溪涧。园林上巧裁杭州山水，将"九溪十八涧"悉数搬进来，串联南北两园。北园仿写郭庄，引湖入园；南园取法花港观鱼，微丘藏园。丰富高差让亭台楼阁随溪流在地形变化中起伏，泼墨成山川图卷。

绿城始终坚持项目设计应从3个专业的角度出发，强调建筑、精装、景观的协调与融合，以此体现独特的东方美学意境：建筑立面以"东方之隐，未来之逸"为内涵，遵循中式营造法则，取意现代派建筑母题，诠释雅致的宋风美学；精装设计利用线条、色彩、形态、肌理等要素，将东方美学文化元素与现代设计理念结合，打造"江南意象"；景观以"云林溪上，院藏山

项目名称	杭州咏溪云庐
项目地点	浙江，杭州
建筑设计	杭州九米建筑设计有限公司
景观设计	浙江蓝颂园林景观设计集团有限公司
精装设计	刘荣禄国际空间设计、栖霞建设成品家
总包单位	浙江绿城建工有限公司（南区）、浙江振丰建设有限公司（北区）
用地面积	约9.1万 m²
总建筑面积	约18万 m²
开工时间	2023年07月
竣工时间	在建筹备
荣誉奖项	第十二届Architizer A+ Awards特别提名奖（生活馆）、第六届LIA园匠杯年度地产示范区优秀奖（景观）

生活馆外观

示范区水景

示范区中庭空间

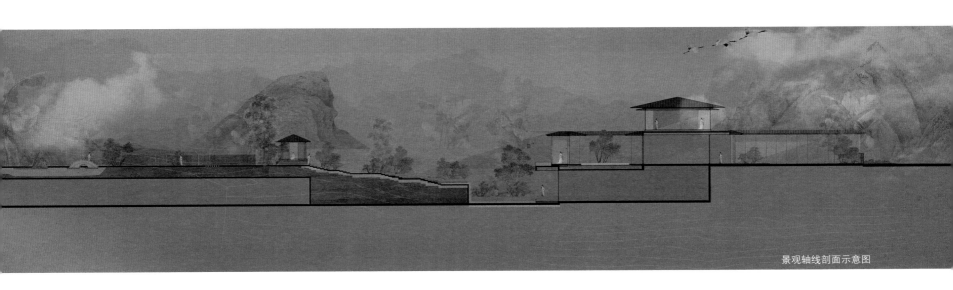

景观轴线剖面示意图

产品的力量——有温度的城市，有灵魂的社区 / 引领型产品系

从露台远眺园区周边

样板间室内

隔水远眺生活馆

水"为主题，契合绿城"人与自然"的核心理念，萃取在地文化，营造诗意的东方画境。步入示范区主入口，大堂入口的隐奢感迎面而至，仿若遁入山水秘境。转至回廊，眼前豁然开朗，跃入桃花源般的景象。来自太行山脉的中国黑老皮石砌为墙面，珍贵羽毛枫于水中安静一隅。山水相栖，浓缩在归家的动线上。

院落几烹茶，闲来弄风雅

不出城郭而获山水之怡，身居闲市而有林泉之致。不出园区亦享美好，绿城从当代人居需求出发，为客户拓宽生活边界。园区内设有南北双会所。其中，位于北区的临时生活美学馆位于整体地块景观最佳的位置上，掩映于绿意扶疏中，依着湖岸的地形曲线而设计、建造，像折扇一样铺展在湖畔。"扇亭"内部，采用无柱钢结构，约52m宽的大尺度玻璃，通过叠石、理水的造园手法，将东方与自然风骨铺展于湖畔。而北区会所即位于"扇亭"区域的地下空间，结合恒温泳池、运动健身等功能，营造出抒发诗情画意、展现运动活力的空间。

另外，作为"云庐系"四叠的典型作品，建筑面积约308m²的上叠样板间设独立入口、北入小院，尽藏天地，具有超强的类别墅居住感。地下车库由私家电梯直接入户，开门即见客厅，窗前自成湖韵画作，屋顶还有超大露台。只见"咏溪湖"天光湖影，仿佛流淌于露台，诗意蔚然呈现。

城市新标杆

产品，永远是绿城的立身之本。

绿城一直专注于人居产品的研究、创新与提升，坚守以人为本的价值追求，探索人与自然、人与人、人与自我之间的和谐共生。绿城坚信，规划应与城市的人文气质相匹配，使房产产品能够被城市和环境接纳，并进一步融入城市的人文和自然历史。

绿城在"六力协同"（引领力、设计力、展示力、营造力、经营力、组织力）之下，为全国重点城市带来了一系列卓越作品，树立了城市人居新标杆。杭州馥香园、北京西山云庐、天津水西云庐、西安和庐等项目，不仅深刻洞察了城市的文化精神，更充分尊重并满足了居住者的生活需求。

西安凤鸣海棠实景

中庭效果图

双轴美学，满庭馥郁

杭州馥香园，浙江

　　杭州馥香园位于申花庆隆板块。这里有着杭州"中央豪宅区"的美称，是极具人文底蕴和商业气质的区域，居住氛围浓厚。项目定位为绿城杭州全维品质提升的代表之作。建筑立面致敬经典的"兰园系"作品美学，运用"少即是多"的设计理念，呈现极简、现代的立面风格。

申花之眼，因地制宜的"双中轴"

　　园区规划设计结合地块形状，形成了两条中轴线。一条在西侧，正南正北向；一条在东侧，微微转了个方向，成为"倾斜"的对称线。这样的"双中轴"，既保留了轴线的仪式感和秩序感，又使得园区整体楼幢的布置变得灵动。主轴之上规划了前院、花园、归家大堂三进式景观；位于主轴上的地下会所，约1400m²的面积内包含了恒温泳池、健身房、瑜伽房等功能。

隐奢礼序，营造私邸匠心氛围

　　空间策略上，设计希望借用总图轴线作为空间主线，划分院落，多层级递进叙事，穿插充满传统记忆的色彩、形态、材料，从而在每个院落空间都呈现独特的性格和态度，在不同氛围的转换中完成归家礼序的营造。

　　传统住宅中习惯于在与城市道路交汇的第一界面处树立入口形象，对城市彰显其存在感。馥香园反其道而行，从度假酒店中汲取灵感，取大隐于

项目名称	杭州馥香园
项目地点	浙江，杭州
建筑设计	大象建筑设计有限公司
景观设计	浙江蓝颂园林景观设计集团有限公司
精装设计	近境制作空间设计咨询（上海）有限公司、广州燕语堂装饰设计有限公司
总包单位	杭州建工集团有限责任公司、浙江钜元建设集团有限公司
用地面积	约8.4万m²
总建筑面积	约23.8万m²
开工时间	2022年09月
竣工时间	在建筹备

园区规划轴线示意图

示范区水景与廊下空间

示范区景观细节

景观空间效果图

泳池效果图

示范区景观细部

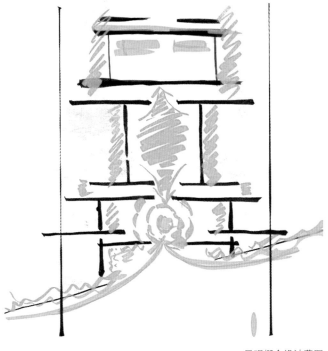

景观概念设计草图

闹市之意，退让出一个前院空间，并以这个前院的整体氛围打造小区对外多维展示的形象。这样的空间手法，弱化了入口界面和道路红线斜交的冲突感。进入前院，空间组织围绕中央的巨树展开，环绕而过，便是一堵7m高的墙体，给到访的人们带来一种庄重的仪式感。墙体采用水波纹状的白色石材肌理平铺，自带的阴影丰富了墙面的质感。

主入口东侧设有独立的车行口和落客区，其顶部雨篷和围合的围墙与前院一体打造。除室外园林化的路径联通之外，与主入口间另有廊道无缝衔接，遮风挡雨无碍。项目还落地绿城"139"归家动线体系，打造精奢的酒店式私享入口、单元门厅、地下空间，三大归家的核心体验空间营造出多层次的丰富体验。

公园中的峡谷，峡谷中的花园

园区的景观设计以"一条峡谷、两条轴线、十个峡谷花园、N个邻里花园"为景观空间格局，通过自然式设计手法、大地艺术，运用起伏的峡谷地形、微地形来打造丰富的高差变化。起伏的地形逐步过渡到蜿蜒的水景，利用跌水、旱溪、特色铺装等方式，营造一条贯通全园的水系。同时，以项目案名出发，以"香"为IP，打造了10个不同"香味"的花园。

园区的整个归家序列均紧密地围绕着主轴线展开，最终以小区的中心花园收尾。从公共复杂的城市环境到私密安全的社区花园，从实墙围合的院落到通透开敞的玻璃盒子，空间开放性的转换在其中得以完成。

结庐西山，传承京韵

北京西山云庐，北京

西山云庐位于北京主城区，背靠西山，面朝永定河引水渠，北望香山，山水环抱的格局浑然天成。作为"云庐系"叠拼产品的创新之作，项目在规划上既要放大视野，放开心境，又要把握规划和景观的尺度。项目在设计之初成立了集团／区域工作小组，针对户型、立面、归家动线、5G服务、绿色健康等进行专项创新研发，在设计、营造上落实属地化创新，通过挖掘独有的自然景观，打造独具地方特色的低密产品。

放收得宜，北京气韵

规划从原始地貌出发，将地块内部设计成若干级台地，实现了场地与城市界面的顺滑相接。建筑设计同样结合地势，南北错层排布，北侧为6层叠院，南侧为4层叠院。外观上，充分结合北京文脉悠长、风格大气等地域属性，采用中式建筑经典的"屋檐、屋身、台基"三段式构成，并对歇山式屋檐做了抽象化与直线处理；墙身采用大面积玻璃幕墙，接近0.5的窗墙比将"无界"视野拉伸至极致，引入更大画幅的山色、更流动的风、更大面积的采光。

项目名称 北京西山云庐
项目地点 北京
建筑设计 大象建筑设计有限公司
景观设计 浙江蓝颂园林景观设计集团有限公司
室内设计 上海翰敦建筑装饰设计工程有限公司、北京居其美业室内设计有限公司、维几室内设计（上海）有限公司、上海恩威建筑设计有限公司
总包单位 北京城建一建设发展有限公司
用地面积 约7.4万㎡
总建筑面积 约19.4万㎡
开工时间 2022年06月
竣工时间 在建筹备

样板间书房

样板间客厅

居室之美，人生至境

　　室内样板间以北京四季六景为设计灵感，精心打造"六景六色"的奢华典雅氛围。客厅与餐厅以"金秋"为设计主题，将北京最迷人的秋天景色巧妙融入居家空间。墙面采用大面积的浅木色，营造出简约而高雅的基调。赤、青、黑等色彩的巧妙点缀，进一步强化了空间的存在感。古铜色的花瓶、景泰蓝的果盘、朱红色的大漆边几等细节，无不透露出中式风格的独特韵味，让整个空间散发出浓郁的东方气质。

建筑立面效果图

经纬光影，绮丽华章

南京金陵月华，江苏

金陵月华地处南京河西片区核心地块，紧邻绿博园。设计以南京六朝古都的历史文化和现代化大都市特色为基础，致力于最大化景观价值，实现新旧融合的城市特色。

经纬交织，光影立面

规划布局充分利用长江穿城的景观优势，于西侧布置大户型住宅，同时通过建筑布局错动，增加二线江景的户型数量；地块内部则致力于第二景观面的营造，形成跃动的中心花园。

建筑采用了经典的现代主义语汇，以表现金陵的城市印象——一种恢弘尺度的融于自然的空间序列。这种表达既体现在纵横交错的立体编织规划形态上，也体现在主楼体块构成和由不同色度金属线条组成的微妙光影上。质感华丽独特，隐喻着由金线、银线、铜线，以及蚕丝、绢丝和羽毛来织造的南京云锦，契合隐贵的建筑风格。主入口以金古铜色系金属搭配深灰色系石材，营造出一种沉稳且升腾的氛围。入园空间则引人入胜，由华贵转入自然平和，以不同的材料表现呈现出多样的空间氛围。

山水城林，心生月华

项目延续了"月华系"灵动的沿街界面和宜人的半公共空间设计理念，利用北侧商业和南侧主入口，与城市交融错动。

除独特的地理区位和一线江景资源以外，项目还拥有大尺度的内部花园和南北双会所设计，通过下沉式庭院实现地下会所地上化，打造"立体会所"概念。园区整体设计手法以"云锦"为题，铺装形式遵循规划层面的逻辑体系，传达编织经纬交错的设计理念。沉稳雅致的金古铜色质感搭配暖灰色、深灰色石材，呼应了云锦经典的紫金配色。主楼立面不同色度的金古铜色则暗合了云锦绵密的经纬交织，细腻的格栅样式，隐喻传统建筑的多层次椽枋。

整体鸟瞰效果图

项目名称	南京金陵月华
项目地点	江苏，南京
建筑设计	大象建筑设计有限公司
景观设计	浙江蓝颂园林景观设计集团有限公司
精装设计	CCD郑中设计事务所、HBA赫斯贝得纳设计咨询（苏州）有限公司、梁志天室内设计（北京）有限公司
总包单位	南通八建集团有限公司、通州建总集团有限公司
用地面积	约7.2万㎡
总建筑面积	约22.5万㎡
开工时间	2023年10月
竣工时间	在建筹备

园区入口效果图

园区公共区域效果图

建筑立面

关中有情，院纳天地
西安和庐，陕西

西安和庐所在的西咸新区坐落着未央宫、太液池、阿房宫、昆明池等建筑园林遗址，历史人文底蕴深厚。项目以中国传统的空间礼序为灵感，塑造"一环两轴两区·三巷五庭"的园林意境，开启极具东方意蕴的品质体验。

园林意趣，归家记忆

归家动线由东至西层层递进，以中轴对称、方正秩序的形式，勾勒出一幅典雅的长卷画；全维实景示范区充分体现了"疏密得宜、曲折尽致、眼前有景"的造园三境界，从布局、空间、视觉三方面营造园林意趣。项目在植物品类选择和种植手法上极具匠心，紧密结合当地文化与传统园林。如寓意生活红火美满的石榴，让人在归家路上感受到居家生活的美好。

传承东方，现代演绎

建筑设计上，外立面采用大面积玻璃幕墙搭配仿木纹铝板，并以利落明快的线条勾勒轮廓。小高层住宅的立面，阳台外挑约0.6m披檐，取法传统古建重檐，以现代设计手法，为建筑赋予形简意远的东方韵味。

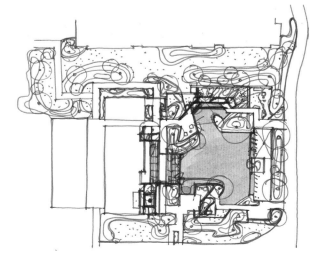

示范区景观概念设计手绘图

示范区水景与廊下空间

项目名称	西安和庐
项目地点	陕西，西安
建筑设计	大象建筑设计有限公司
景观设计	杭州亚景景观设计有限公司
室内设计	上海恩威建筑设计有限公司
总包单位	陕西建工第八建设集团有限公司
用地面积	约6.8万m²
总建筑面积	约21.6万m²
开工时间	2022年03月
竣工时间	在建筹备
荣誉奖项	伦敦OPAL杰出地产大奖高层住宅类别大奖、第十三届园冶杯地产园林专业金奖、GHDA环球人居设计大奖地产展示区景观类银奖、2022年法国Novum金奖、2022年国际酒店和地产大奖

景观细节

景观细节

花开海棠，长安盛唐

西安凤鸣海棠，陕西

2023年年初，绿城摘得西安高新区3幅宅地，并分别命名为月映海棠、春熙海棠、凤鸣海棠。

现代唐风，在地化美学

作为大唐长安的西城墙旧址，延绵10km的皂河公园带成为高端生活聚焦的"高新绿轴"。毗邻于此，位于主城三环内，"海棠三章"顺应着城市的生长趋势，以突出的地段优势，再度定义高新生活样板。

绿城拒绝照搬古典做法，而是从大师设计、文化住宅、唐风着色、心动空间、匠造工艺角度出发，进行顶层设计，做现代唐风的定义者，以三个项目为实践范本，分别打造诗意唐风、山水唐风、盛世唐风。

循礼规制，华彩气韵

凤鸣海棠通过"中轴朗境""门庭蔚然""三门四院"，构成整个项目的尊贵礼序。主入口前场结合体现属地文脉的门庭楼宇，打造遵循"礼序入园、画境入景、意景凝韵"的归家体验，通过形、声、色、影的景观手法，以多样的景观元素，如桥、石、水、路、亭、台、榭，搭建起层层递进的四重庭院盛景。

在凤鸣海棠，建筑成为文化的载体——唐朝是诗歌的盛世，也是建筑的盛世。项目所表达的盛世唐风，侧重展现建筑的力与美，循古不泥古。建筑整体气质延续唐风恢弘大气的特征，以面阔九间三门的尺度结合庑殿顶的形制，辅以80m长基座，呈现建筑大雅之风。高台累榭，月台基座，唐风唐韵扑面而来；精巧的唐风八大工艺，在宫阙迎门的一座建筑中得到了集中展现。同时，参考皇家宫殿规制，整个园区设置两个"正"门堂，带来南北双园区大堂的设计。

空间营造上，追溯唐代建筑园林，深入分析《园冶》《说园》《唐风建筑营造》《唐代园林别业考论》《傅熹年建筑史论文集》等专业文献，更从唐代诗画进行挖掘和提炼。设计最终以《韩熙载夜宴图》为灵感，在溯源、解读、转译、再构中，在主入口形成了一系列空间序列，以宴客·宫阙迎门、华灯初上（主入口）、洗尘·马踏香尘（车马院）、笙歌·唐宫夜宴（景观庭院）、赏乐·月华流光（下沉庭院），塑造出重回盛世唐风的空间体验。

项目名称	西安凤鸣海棠
项目地点	陕西，西安
建筑设计	大象建筑设计有限公司
景观设计	浙江蓝颂园林景观设计集团有限公司
室内设计	上海恩威建筑设计有限公司、近境制作空间设计咨询（上海）有限公司、杭州甲鼎室内设计有限公司
总包单位	陕西建工第八建设集团有限公司、中交二公局第五工程有限公司
用地面积	约7.0万m²
总建筑面积	约27.2万m²
开工时间	2023年06月
竣工时间	在建筹备

园区入口

建筑细节

水西之心，院藏江南

天津水西云庐，天津

天津水西云庐位于水西湿地公园附近，项目景观设计以江南园林为灵感，建筑设计落地"长物空间"前置创新课题。

"长物空间"落地开花

4层叠拼住宅因层数、高度增加，易导致立面尺度、比例失衡，在还原中式建筑神韵方面颇具挑战。因此，项目的中式叠墅设计组合使用了歇山顶、硬山顶，屋脊结合甘蔗脊与黄瓜脊，使得檐口更显轻盈，建筑形式更为丰富，建筑整体呈现出高低错落的形态。立面延续了江南白墙黛瓦传统韵味，融合了漏窗、花格、格栅、瓦当等传统元素；多处小"退台"处理，实现建筑体量层层收缩，符合传统中式多层建筑规制。同时，现代材质构件的应用适应地域特性、符合建筑节能要求，如局部增加开窗尺寸，大大提升了居住舒适度。

以现代语汇诠释宋雅风情

天津水西云庐的上叠样板间，如同一首由各种材质共同演奏的宋雅曲调，呈现出东方美学的韵味。在这里，绿城以玉石、皮革、木材等传统材质，构建出东方风格的骨骼和肌理，将东方艺术和现代设计完美融合。

客餐厅中最引人注目的是一幅用真丝制作的壁纸作品。真丝，这种充满中国特色的材质，被巧妙地运用到墙纸上，使其呈现出丰富的视觉层次和深深的中式韵味。餐桌则是由一整块青玉奢石打造，其油润细腻的质感，为整个空间增添了一份温润之美。主卧里，一张皮质卧榻静静地等待着主人的归来。泼墨的立体质感由地毯写就；云石灯切割光影；皮雕装置透光温暖；亮处在青玉奢石柜面；寥寥几笔完成现代装饰艺术中的"点翠"。

样板间室内

项目名称	天津水西云庐
项目地点	天津
建筑设计	大象建筑设计有限公司
景观设计	北京园点景观设计有限公司
室内设计	上海恩威建筑设计有限公司
总包单位	中国五冶集团有限公司
用地面积	约10万㎡
总建筑面积	约12万㎡
开工时间	2022年02月
竣工时间	在建筹备
荣誉奖项	2022年美国TITAN泰坦地产大奖金奖（景观）

中央水景

梦泽之处，叠墅宋韵

武汉湖畔云庐，湖北

　　武汉湖畔云庐地处汉口CBD核心区域，北侧紧邻梦泽湖公园（规划中）。通过整体规划和建筑设计创新，项目构建了与城市共生的现代院墅群落。设计在主入口运用了前置创新课题"中央车站"的研发成果，打造了地下大堂、落客区、庐外客厅和下沉泳池区，实现了人车分流，彻底保障了业主的安全。落客区采用东方窗格纹样，打造"地下光厅"，为业主提供敞亮、温馨的候车空间，让归家变得从容便利。项目还在武汉首次引入"城市甲板"设计，位于园区北侧宽敞的社区露台，正对公园。未来，业主可在此欣赏湖景，品茗会友，享受闲暇时光。

新宋风叠墅韵味，东方诗意家居

　　项目叠墅住宅是绿城"新宋风"风格在武汉的首次应用。立面设计融合批檐、揎檐杆、四直方格眼纹等元素，将宋韵精髓融入当代语境，打造符合现代生活需求与审美的叠墅。空间布局上，4层院墅住宅采用"宅院合一"手法，结合大L形阳台、一层院落、顶层花园，呈现天地四季之美。园区内景观绿化配置丰富。幽静多变的巷道穿梭其中，周边散落着不同景致的邻里空间，园林式的中轴景观、高密度的植物群落、丰富的植物层次，结合植物品种的多样性，共同打造出集自然界听、嗅、味觉于一体的城市疗愈花园。

项目名称	武汉湖畔云庐
项目地点	湖北，武汉
建筑设计	大象建筑设计有限公司
景观设计	上海以和景观设计有限公司
室内设计	北京集美组装饰设计有限公司（上叠样板间）、北京赛瑞迪普设计空间有限公司（下叠样板间）、维几室内设计（上海）有限公司
总包单位	新疆苏中建设工程有限公司
用地面积	约7万㎡
总建筑面积	约20.1万㎡
开工时间	2021年05月
竣工时间	在建筹备
荣誉奖项	2023年美国MUSE缪斯设计奖铂金奖（下叠精装样板间）

建筑外观

庭院入口与建筑细节

湖畔雅居，诗意东方

郑州湖畔云庐，河南

湖畔云庐择址郑州北龙湖畔，地处中原科技城，是绿城在中原的第一个"云庐系"作品。项目不负一湖四公园环绕的宜居禀赋，以"云庐系"中式美学，化用宋式造园要素，深具简雅韵义。

如云轻盈，若宋至简

园区延续了"云庐系"中式极简的立面美学，以"现代形"的设计语言，体现"轻、薄、平"的"东方意"。底部基座以石材为主，大面积玻璃立面通透开阔。水平延展的立面线条，层间金属披檐及窗口的金属格构，彰显了建筑的纤薄之美。园区内还前置规划了多功能业主私享会所，上下两层根据业主不同兴趣进行合理分区，丰盈居者日常生活内容。质感温暖的金、木两色，通透的大面玻璃幕墙，以曲直、虚实的互映，交织出宋风的诗意与现代的优雅。

项目名称	郑州湖畔云庐
项目地点	河南，郑州
建筑设计	大象建筑设计有限公司
景观设计	浙江蓝颂园林景观设计集团有限公司
精装设计	杭州大诠建筑装饰设计有限公司
总包单位	民航机场建设工程有限公司
用地面积	约5.6万㎡
总建筑面积	约15万㎡
开工时间	2020年08月
竣工时间	2023年01月
荣誉奖项	第六届REARD全球地产设计大奖荣誉奖、2020年全球未来设计奖、2022年北美PI设计大奖（郑州湖畔云庐会所）

中央水景

景观细节

三进院落美意浓

　　景观设计以《西园雅集》为营造蓝本，将生活意趣融于园景春色。景观沿着中轴线层层展开，形成三进院落。一进观澜院，以一方长达35m的镜面水景为中心，寓意细水长流。与之呼应的树阵向天空和水面伸展，强化了归家的仪式感。二进曲水院，气象迥然不同。朴拙置石与野趣植物沿着蜿蜒曲水精心排布，见匠心而无匠气，既见静谧，又蕴生机。三进浮阳院，空间布局规整，两侧廊架虚实结合，围绕中心草坪，动静相宜。整体植物配置方面，贯彻选苗高标准，注重下层植物营造空间层次感，同时围绕单元入口及重要节点营造花境。

示范的力量

有实景的栖居，有诗意的体验

自然的光影，绿意的生活

绿城于1995年在杭州成立。自那一刻起，绿城就把客户的满意度作为最重要的发展评判标准，并将做好产品的理念深植于企业发展基因中。

产品力，一直是绿城的核心竞争力。当市场步入新的发展周期，实景展示变得愈发关键。近年来，在绿城的全维实景示范区中，景观设计也扮演了很重要的角色。

景观设计，是绿城对大自然的敬畏与赞美，同样体现了绿城对人居环境的执著追求。在绿城的住宅项目中，各种花草树木、小桥流水错落有致，人文景观体验丰富。合理的景观规划确保了项目内部空间的舒适度和私密性，从而为住户打造宜居宜业的生活空间。归根结底，景观设计是绿城产品体系持续优化、进化的重要组成部分。它不仅是绿城对客户需求的回应，更是绿城对美好居住环境的探索与追求。

有好产品才有好未来。绿城持续以品质为信仰，矢志不渝地做美好生活的开发者，努力成为"有特长，且全面发展的优等生"。一个项目有没有价值，能不能创造价值，能不能维护价值，能不能提升人在户外生活的价值，实际上就是看是不是符合"安全、健康、快乐、幸福、长寿"五大目标。其中，最核心的评判标准是，居住在园区里的人们能延年益寿。如能就足以证明这个环境的友好性。绿城从景观设计出发，在全国范围内较早开启了对健康生活服务内容的专项创新研发，像"芳香疗法""五感一心"等课题，看似是2020年后基于新冠疫情的背景才提出，实际上，绿城对此类课题的相关研究在2015年、2016年的时候就已经开展。2016年，我跟随清华大学的李树华教授研究植物的疗愈功能，并专程前往日本考察了18天，参观了日本的养老院、医院、社区，以及其他的一些公共机构，考察他们的生活服务内容。基于这些积累，我们在留香园项目中，也引入了一些与中草药相关的服务内容，包括植物科普、植物疗愈等。在健康运动这一领域，绿城同样下足了功夫。凡是具备场地条件的园区，绿城都通过景观设计建设了慢跑系统。

针对客户归家流线的设计，绿城确立了连廊系统，保证了归家过程能风雨无阻，并通过景观设计，让四季的变化，天光云影，不同的时节，不同的风景，都融入客户的归家体验和感受之中。绿城要求，从室内空间到灰空间，再到户外空间，都要做到高度的渗透，高度的衔接，高度的融合。这不仅要在物理属性上，更要在精神属性上也能够达成。为此，绿城进一步提出了"5G服务"，即把生活内容装到建筑的容器中去，而且必须在精心排布后达到高度融合的效果。

绿城园区一直视泳池为必备元素。早期产品采用自然型泳池，但考虑到人们游泳习惯和安全管理，便在改进后的产品中强调标准化和方正设计。此外，绿城还更进一步要求泳池兼具观赏和使用功能。由此，被绿城园区大量采用的无边泳池应运而生——在无人游泳时，泳池恰似一池湖水，赏心悦目。

作为景观设计师，我们坚持追随绿城的步伐，不断锤炼产品创新思维，深入挖掘研究厚度，进一步深化产品体系。我们致力于打破同质化桎梏，在思考与变革中培育智慧之花，于传承与创新中绽放时代光彩。

宋淑华

浙江蓝颂园林景观设计集团有限公司总经理、总设计师

杭州春风金沙"春知学堂"实景

全维示范区

大地上的居所，乃是一种伟大的庇护。

要赋予生命美好的事物，首先要给生命一个体验感更好的空间。

"全维实景示范区"通过精心设计的园区入口、主题景观、建筑立面、归家动线、样板间等模块，呈现未来园区生活的重要场景与节点，让客户拥有"所见即所得"的体验。

虽然绿城并非全维实景示范区的首创者，但自2022年起，通过对标学习、沉淀、内化、完善，快速建立起示范区管理体系，逐渐形成了一套自身独特的做法。在嘉兴晓风印月、杭州燕语春风居、宁波凤鸣云翠等项目中，绿城的示范区不仅为客户提供了未来生活的预览，更全面展示了其卓越的产品力。

杭州玉海棠实景

江南韵映，鎏金风华

嘉兴晓风印月，浙江

　　嘉兴晓风印月位于国商区双溪湖板块，该板块地处嘉兴城市发展的主流方位，在高铁新城"超级未来社区"的高能规划下，绿城旨在打造"国际风江南韵未来感的滨水人居样板"。该项目是绿城"晓风系"的代表作品，项目携手国际化设计团队，融入绿城对当代高端人群的人居趋势和需求的洞察，力图打造一座面向未来的人居里程碑。

整体鸟瞰效果图

中心庭院效果图

沿街空间效果图

项目名称	嘉兴晓风印月
项目地点	嘉兴，浙江
建筑设计	浙江绿城六和建筑设计有限公司
景观设计	加特林（重庆）景观规划设计有限公司
室内设计	CCD郑中设计事务所、维几室内设计（上海）有限公司
总包单位	亚都建设集团有限公司、浙江坤兴建设集团有限公司
用地面积	约5.5万m²
总建筑面积	约15.9万m²
开工时间	2023年04月
竣工时间	在建筹备
荣誉奖项	美国MUSE缪斯设计奖铂金奖（生活美学馆室内设计）、WILD Design Awards银奖、BERLIN Design Awards银奖

园区入口概念设计草图

示范区水景

景观细节

双溪湖畔，心有晓风

　　"众里寻他千百度，蓦然回首，那人却在，灯火阑珊处。"这是嘉兴俊彦王国维描述的人生第三重境界。项目融合全球隐奢度假酒店的生活设计理念、嘉兴江南水乡的城市肌理和庭园情结，以水为韵，构建"流动的庭园"，致力营造充满度假感的滨水生活体验。

　　历经149天精心雕琢，园区过万平方米的全维实景示范区亮相。设计源于对"空间体验"及"建筑材料"的探索，归家门庭、流水庭园、入户大堂、单元入口、精装大宅、地下光厅、主题架空层、汀香茶室和生活美学馆9大场景全部实景呈现，成为园区生活现在和未来的交接点，同时也是承载活力与诗意的多元空间场所。

国际审美，时光洗练

　　项目对于审美、品质的追求，渗透在空间的每一个细节里。百年石榴树，30m长、7.2m高的归家门庭，无雨归家落客，为居住者带来充满仪式感的归家路径。照壁采用伊朗"白雪公主"石材。照壁之侧，五棵相邻而立、舒展挺秀的松树，自小相伴相生，于泰山峭崖之间整冠移栽。为确保其适应江南新境，项目团队更将原生泰安土共同迁移1000余公里。

　　庭园景观设计借鉴了中国古典绘画的构图手法，把当代流动设计手法与传统的东方庭园意境相融合，打造无界流淌的"六庭四园"都会绿洲。徜徉其间，高低错落的叠水和下沉卡座的设计，从月之庭延续到光之庭，潺潺水流若隐若现，水随声远，人入画卷，生活场景在这里想象延展。

　　在入口大堂回望叠水树影的中心庭院和温润琉光的透光石材；穿过架空层和景观庭院，在茶学空间享受几盏清茶。穿越其中，体验移步易景，所见即所得，参观的过程就是未来的归家旅途。

示范区休憩区

八大场景，春和物语

杭州燕语春风居，浙江

　　杭州燕语春风居地处钱塘区高教园板块，该板块集商务、科技、教育、文体休闲、都会商圈等全维城市功能于一体。项目综合示范区注重"促进人、社区、城市之间的连接与共生"，以八大生活场景串联而成。设计还注重室内外一体化打造，建筑提供舒朗的空间"壳"，精装营造温馨的场景"芯"，景观拉通内外的延展"景"，将千年前"若到江南赶上春，千万和春住"的理想化作了现实。

春日里的城市花园

　　在"开放式社区"的理念下，绿城打破社区围墙的分隔，从城市界面的角度审视建筑，将社区作为城市的一部分，让社区从封闭转向部分共享。设计充分利用街角，结合社区入口，创造更多富有趣味的"生活街角"过渡空间——入口园子、口袋广场、交融芯庭院、转角盒子、中心花园等，并将以往的围墙升级为一个可游、可玩、可商的城市活力带，在实现社区与城市

项目名称	杭州燕语春风居
项目地点	浙江，杭州
建筑设计	浙江绿城建筑规划设计管理有限公司
景观设计	杭州朗庭景观设计有限公司
精装设计	万界设计事务所（杭州）有限公司、广州东仓装饰设计有限公司、深圳市春山秋水设计有限公司
总包单位	浙江振丰建设有限公司
用地面积	约4.4万m²
总建筑面积	约15.4万m²
开工时间	2022年07月
竣工时间	在建中
荣誉奖项	2023年TITAN泰坦地产大奖高层类金奖、2023年美国MUSE缪斯设计奖银奖（精装展示样板间）

园区入口

开放式社区示意图

生活街角与生活馆

春光客厅
SPRING SITTING ROOM

架空层空间

架空层细节

样板间室内

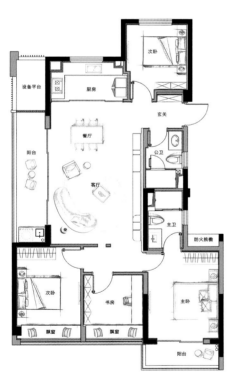

户型示意图

空间渗透交融的同时，向住户与公众共享社区资源与服务，实现了社区与城市界面的统一和功能服务的互补。项目还落地了绿城"139"归家动线体系，并在此基础上打造出丰富多样的社区景观，通过开放互融空间、园区大堂、归家小院、主题架空层和环游式景观系统等多重空间，打造了一个舒适愉悦的归家路线。

高约4.8m的架空层旨在成为"全龄段城市共享客厅"，形成社交、休闲、娱乐、亲子等复合、多元化的功能空间。单元楼栋前的归家小院"春生闲庭"，则进一步将单元入户空间与室外景观、活动场地整合为住宅楼下的邻里空间，兼顾私密性与自然通风，方便邻里交流和互动。单元入口采用了半开放式的镂空门厅和移门，将室外的自然景观和怡人感受导入室内空间，实现了内外空间的无界连通。

光影交融的灵动空间

园区内的大部分户型都采用了"红蓝尺"原理进行设计，从而利用视觉技巧放大空间。同时，LDKB一体化设计理念将客厅、餐厅、厨房、阳台串联成为一个完整通透的复合型空间，优化的居家室内动线，使得生活场景与多元功能无缝衔接，尽可能增加了空间的互动和利用率，营造舒适的室内公共空间。

以128m²样板间户型为例，公卫被安排在入户位置一侧，方便进门后第一时间洗手消毒。厨房按照"拿一洗一切一炒"的操作动线布局，使用更加顺手，推拉门底部不设门槛，方便移动推拉，与其他空间融合感更强。推拉门采用夹绢装饰玻璃质感通透，隔而不断，与客餐厅最大程度交融，互动出更多场景。此外，该空间以《春之奏鸣曲》为主题，整体空间采用温暖的奶油白及清新的果绿作为主色调，还采用了极简的线条轮廓。不同材质之间的对比营造出丰富而灵动的层次感。光与影的交融打破了空间的静态，赋予了空间生命力。

流光溢彩，玉鸟临洲

杭州玉海棠，浙江

　　玉海棠位于杭州市良渚板块核心区，紧邻中国美术学院、良渚博物院、良渚文化艺术中心及玉鸟集，有着浓厚的人文艺术气息。项目实景示范区的设计营造，透过对当地文化基因的深入研读，结合产品的属性特征，萃取出绿城对良渚理想生活的气质定义——"流光溢彩的生活艺境"。全维实景示范区包括约500m²的生活美学馆、约200m²的下沉庭院、约400m²的地下会所、主题架空层、度假泳池及4套实体样板间。

　　全维实景示范区落地园区大堂模块前置创新课题，设置三进院落，高度融合建筑、室内、景观3个专业进行设计，丰富归家动线的多样性和专属感：主入口展开面长约60m，结合锤纹铜板、几何柱式、青色陶板及玉鸟雕塑等萃取自良渚文化的设计元素，凸显仪式感，极具张力及底蕴；前后场打造"珠玉廊庭""琉璃光院"等水院空间，结合叠水，动中有静，引水琢玉；生活美学馆采用了全景落地窗，室内设计采用弧形线条元素，给人灵动、柔美之感；泳池复刻精奢酒店式度假场景，打造有形无界的开放式林下泳池空间；下沉庭院及地下会所小而美，形成精致、诗意的空间。玉海棠散发出的"流光溢彩"，是对这片古老大地文明的主动回应。

项目名称	杭州玉海棠
项目地点	浙江，杭州
建筑设计	大象建筑设计有限公司
景观设计	浙江蓝颂园林景观设计集团有限公司
室内设计	矩阵纵横设计股份有限公司、万界设计事务所（杭州）有限公司、浙江绿城联合设计有限公司
总包单位	浙江耀厦控股集团有限公司（南标）、浙江振丰建设有限公司（北标）
用地面积	约5.7万m²
总建筑面积	约16.1万m²
开工时间	2023年07月
竣工时间	在建筹备

景观空间

生活馆室内

园区入口

从水岸望向生活馆

青绿交融，凤鸣浙东

宁波凤鸣云翠，浙江

　　宁波凤鸣云翠位于鄞州核心版块。项目实景示范区的设计与营造，通过分期开放策略、系统性谋划和产品"展示力"整合，回应了宁波核心区域改善型产品的竞争挑战。项目设计提炼城市文化，以水系为灵感。一期示范区突出自然静谧的水上度假感，展示约500m²的生活美学馆及4个临时样板间；二期示范区则以漂浮会客厅为核心，聚焦景观、架空层展示及1个实体样板间，呈现轻松惬意的度假氛围。

　　生活美学馆落地园区大堂模块前置创新课题，同时高度融合建筑、室内、景观3个专业的设计手法，丰富归家动线的多样性和专属感：主入口结合花格、陶板、艺术玻璃等，展现游园归家场景的独特性和延续感；前场融入水上林影，营造轻松自然的度假风格，实现室内外空间与视觉体验的动态融合；室内外相呼应，精装的石材、饰面色调体现浙东山水青绿，内外交融，各具特色；细部设计提取宁波传统民居窗格纹样，融合绿城设计语言，运用现代精匠工艺，应用在格栅、景墙、屏风、灯具及花基装饰等中，寓意美好幸福、团圆。

　　园区的整体景观设计以"临水而居的悠然生活"为理念，融入水乡的肌理文化和水居生活方式。示范区二期是绿城"心林物语"IP 1.0版本的部分展现，营造微度假的氛围。大面积的静谧水面之上，矗立着一座水上悬亭，叠水从台阶上缓缓流淌，自然勾勒出一幅雅致的画卷。景观连廊、水上汀步、下沉卡座、休闲平台、休闲草坪、林下休闲区、叠水景观以及交流花园等多元场景，串联起不同的水上生活体验。

项目名称 宁波凤鸣云翠
项目地点 浙江，宁波
建筑设计 大象建筑设计有限公司
景观设计 广州观己景观设计有限公司
精装设计 CCD郑中设计事务所、MDO木君建筑设计、浙江蓝城卓时建筑环境设计有限公司
总包单位 浙江新中源建设有限公司
用地面积 约5.07万m²
总建筑面积 约19.38万m²
开工时间 2023年01月
竣工时间 在建筹备
获奖荣誉 2023年伦敦设计奖金奖（精装展示生活馆）、环球人居设计奖入围（景观）、2024年第四届GHDA环球人居设计大奖景观设计银奖、2024年园匠杯年度地产示范区景观奖

示范区景观鸟瞰

泉城主脉，织锦成庐

济南春月锦庐，山东

　　济南春月锦庐位于高新区，由共计17栋高层、小高层住宅建筑组成。项目依托"泉城"济南的水文化和蟠龙山森林公园的自然资源，将人们从繁忙的都市生活抽离，浸入一个可以漫步、闲坐、观赏的归家空间。

人本主义，极简美学

　　规划讲究对称与韵律，整体形象庄严大气。从尺度的舒阔、布局的前瞻性，到功能的营造，都经过反复考量，最大化观景和居住空间体验。建筑设计以现代极简审美，勾勒春月锦庐的天际，立面采用绿城"Design式"极简美学设计，超高窗墙比营造建筑立面的镜面效果，与天幕风光相呼应；超大面宽的观景双联阳台，南向多面宽采光等，进一步突出了采光观景优势。

流动的"礼物盒子"

　　项目一期的实景示范区内，生活美学馆以"礼物盒子"为设计灵感，巧妙地运用石材与玻璃材质，通过穿插、咬合、悬挑和退层等手法，赋予建筑轻盈的体量感。

　　示范区二期的整体风格延续了一期的建筑语汇。从宏伟的园区入口，到会客厅式的社区大堂，再到下沉式水景庭院，每一处设计都透露出对自然意象的深刻理解和对诗意生活的无限向往。而在"春知学堂"，家长更可以陪伴孩子一起成长，享受亲子时光。

　　此外，示范区还精心打造了实体样板间、单元门厅、恒温泳池、健身房和地下光厅等多功能空间，全方位、高品质地展现了业主未来理想生活的蓝图。

项目名称	济南春月锦庐
项目地点	济南，山东
建筑设计	浙江绿城建筑规划设计管理有限公司
景观设计	杭州亚景景观设计有限公司
精装设计	上海发现建筑装饰设计工程有限公司、浙江绿城联合设计有限公司
总包单位	济南四建（集团）有限责任公司、大连三川建设集团有限公司
用地面积	约7万m²
总建筑面积	约23.9万m²
开工时间	2022年01月
竣工时间	在建筹备
荣誉奖项	2022年美国TITAN泰坦地产大奖商业建筑类金奖、2022年美国MUSE缪斯设计奖金奖、2022年伦敦精装修设计大奖、园冶杯专业奖地产园林示范区类设计金奖、园冶杯专业奖地产园林示范区类工程金奖、2021—2022年度国际环艺创新设计作品金奖

园区入口

示范区景观空间

创意新生活

　　创新是绿城的基因。2019年，绿城中国董事会主席张亚东提出向制造业学习，实现"一年创新、两年落地、三年复制"的创新路径。

　　绿城所有的前置创新，都在寻找一种激发生命绽放的力量。

　　截至2023年，绿城已完成83项创新课题，其中"中央车站""生活街角""春知学堂"等成果在丽水桂语兰庭、杭州月映海棠园、宁波余姚春澜璟园等项目落地。这些创新实践不仅展现了绿城高效的闭环创新实施路径，也彰显了绿城对诗意栖居理想的追求和实践。

"生活街角"效果示意图

前庭后院，园湖交融

杭州春风金沙，浙江

　　杭州春风金沙地处钱塘新区下沙新城CBD核心板块，拥有绝佳的一线湖景资源和完善配套。作为"春风系"的代表作品，园区规划经过概念方案比选，再由绿城创始人宋卫平亲自评审，最终确定采用"11幢大高层+社区配套商业街区"的大围合布局。项目借鉴江南园林"前庭后院"的空间组织方式，将入口大堂升级为城市客厅，从湖滨商业街到洄游庭院，呈现"湖—街—园"依次展开的生活界面格局；同时，进一步将内外景观予以最大化呈现，使得北侧金沙湖景观和园区内部2万m²的中心花园遥相呼应。

项目名称	杭州春风金沙
项目地点	浙江，杭州
建筑设计	大象建筑设计有限公司
景观设计	浙江蓝颂园林景观设计集团有限公司
精装设计	新加坡Burega Farnell室内设计事务所、上海翰敦建筑装饰设计工程有限公司、杭州大诠室内设计工程有限公司
总包单位	浙江银力建设集团有限公司
用地面积	约6.1万m²
总建筑面积	约24万m²
开工时间	2020年01月
竣工时间	2023年03月
荣誉奖项	克而瑞"2020年中国十大品质作品"、2020年第五届REARD全球地产设计大奖居住类建筑佳作奖、2023年美国MUSE缪斯设计奖铂金奖

立面与湖面，彼此形成对话

基于项目与金沙湖及城市的关系，公建化的住宅立面在建筑细节上做了创新处理。高层住宅立面设计以"垂直的江南"为理念，充分考量立面与湖面的关系，采用大面积玻璃材质。商业街区立面的设计则体现了杭州的城市气质，以传统的坡屋顶建筑为原型，整体采用灰色系色调，营造出类似百井坊巷、清河坊等杭州老街区的气质。

春风入画，见湖见园

轻盈的水平挑檐让室内空间有了更好的延展性。天光变幻的湖景被"装"入阳台这一画框，室内呈现三时四季不同的景观画。为了让"推窗见湖"成为日常，"北厅"这一概念被创新性地引入了沿湖一侧的户型，让人们即便身居室内也可以最大程度地欣赏金沙湖。当通透的视野消解了物理界限，生活与景观就能发生更浓烈的化学反应，营造出更多样化的生活场景。

从景观空间看建筑

繁花似锦，何其芬芳

上海繁花三章，上海

　　2023年8月，绿城成功竞得位于上海闵行区梅陇社区、嘉定区南翔镇和青浦区徐泾镇的3个地块，总价达139.16亿元。绿城一直以来持续关注核心城市、核心地块，精心调配投资与设计资源，希望以优质地块打造经典作品，与上海这座城市同频发展。两个月后，新品"繁花三章"——沁兰园、留香园、春晓园，在"时间的繁花"新品发布会上集体亮相。绿城借由新品带来的启发，从多个维度出发，深度挖掘3块土地的在地文化，勾勒出芬芳四溢的上海，开启一场精致优雅的生活之旅。

留香园中央景观

项目名称　上海繁花三章（留香园）
项目地点　上海
建筑设计　杭州九米建筑设计有限公司
景观设计　浙江蓝颂园林景观设计集团有限公司
室内设计　深圳市春山秋水设计有限公司
总包单位　上海建工二建集团有限公司、通州建总集团有限公司
用地面积　约6.1万㎡
建筑面积　约22万㎡
开工时间　2023年08月
竣工时间　在建筹备

A gathering place

留香园中央景观设计概念草图

岁月留香，东方造园精粹

留香园位于南翔正核板块，与古猗园遥相呼应，与南翔印象城一水之隔。如果说印象城是城市繁华的前厅，留香园则是绿城为业主打造的生活园地。项目沿袭江南园林的造园手法，以"留香六逸"为理念，打造上海丰盛的适逸生活场景，把三千年江南的底蕴复刻得淋漓尽致。一条天然的河道，让城市与生活形成了进退有度的关系。临城纳水，融景入园，出则繁华，入则静雅。此外，围绕着充满东方意蕴的庭院，项目未来还将落地"留香雅集"社交场景，形成"童梦拾光""睦邻拾趣""活力拾分""共享拾间"四大空间主题，营造全周期、全龄段、全场景的东方人文逸趣空间，营造"当代逸仕"的雅致、适逸的生活方式。

沁兰园生活馆

沁兰园生活馆室内

雅致如兰，海派文化原点

　　沁兰园位于闵行区梅陇镇。规划设计采用中轴对称式布局，创建多层次中央景观活动空间。项目主入口以酒店廊吧为设计灵感，红色陶板、金属质感的框线以及温润细腻的玉石质感墙面，复刻出上海作为大都会的摩登风尚。公共区域以上海石库门为灵感，融合优雅的圆弧造型、红砖元素，致敬大上海的鎏金岁月。景观设计则围绕"海派烟火，摩登花园"这一主题，在中轴景观形成由水院回廊、复合型泳池以及摩登客厅构成的三庭节点，打造出精致归家、公共时尚、开放共享3个主题空间。

春晓园生活馆

春晓园生活馆室内

项目名称 上海繁花三章（沁兰园）
项目地点 上海
建筑设计 浙江蓝城卓时建筑环境设计有限公司
景观设计 广州观己景观设计有限公司
室内设计 浙江蓝城卓时建筑环境设计有限公司（示范区）
总包单位 上海市住安建设发展股份有限公司、浙江绿城建工集团有限公司
用地面积 约5.2万㎡
总建筑面积 约19.5万㎡
开工时间 2023年02月
竣工时间 在建筹备
荣誉奖项 GA+全球设计大奖（玉树繁花生活馆）、2024年美国MUSE缪斯设计奖铂金奖（玉树繁花生活馆）

项目名称 上海繁花三章（春晓园）
项目地点 上海
建筑设计 浙江绿城规划建筑设计管理有限公司、上海天华建筑设计有限公司
景观设计 上海魏玛景观设计规划有限公司
室内设计 维几室内设计（上海）有限公司
总包单位 南通八建集团有限公司
用地面积 约3万㎡
总建筑面积 约11万㎡
开工时间 2023年09月
竣工时间 在建筹备
荣誉奖项 IRA住宅建筑类优胜奖

蔷薇绚烂，温情暖心街角

春晓园位于青浦区徐泾镇，临近虹桥片区。项目规划设计围绕"自然、人文、宜居"的理念，设置三进回廊院落、七大主题架空层，营造步移景异、融于自然的体验空间和多层次的归家礼序。沿街商业为局部二层体量，与西侧幼儿园相呼应，并且可以看到南侧河景。设计通过场景再造，在园区沿街界面植入各种公共生活的场景，并用飘板系统相串联，形成一排最优美的城市橱窗。园区内还设置有一个温暖明亮的玻璃盒子，可以用作书屋、美学馆、艺术馆或者文艺馆，点亮平淡的日常，也让这里成为周边城市居民相聚的场所。

空中花园，义江映月

义乌晓风印月，浙江

　　一只拨浪鼓，陪伴义乌人从鸡毛换糖做起，打造出闻名全球的"世界小商品之都"。义乌晓风印月处在城北路和江滨北路这两条城市发展中心轴的交叉点上，紧邻义乌中央商务区和全球最大的小商品交易中心——义乌国际商贸城，毗邻义乌江水系，与江滨公园一街之隔，选址契合晓风印月"中心＋水系"的择址观。

筑出城市新界面

　　该地块呈长长的条带状，地块尽端于城市繁华路口处折弯，如同一弯细长如钩的新月。绿城将纽约曼哈顿高线公园的立体空间理念和新加坡花园

项目名称	义乌晓风印月
项目地点	浙江，义乌
建筑设计	杭州九米建筑设计有限公司
景观设计	杭州极易景观设计有限公司
精装设计	浙江绿城联合设计有限公司
总包单位	浙江宝华控股集团有限公司
用地面积	约2.2万㎡
总建筑面积	约10.8万㎡
开工时间	2020年05月
竣工时间	2022年10月
荣誉奖项	绿城中国交付品质一等奖

鸟瞰园区与周边环境

隔水远眺园区建筑

建筑细节

城市理念进行延伸，结合义乌传统人居习惯，把地面一层留给商铺与行车道，将入户空间抬高到二层。通过分层设计，商业空间与居住空间、城市车道与归家动线、景观体系与社区空间自然交融，形成高低分层的丰富空间维度，演绎出与众不同的归家体验。

线形空中花园

为在集约地形上为业主营造亲近自然的生活场景，园区将一层商业街店铺屋顶抬高加宽，变成园区的线形空中花园，连接起立于花园之上的各个楼栋。

非对称立面美学

建筑打破传统住宅的体量关系，通过穿插、错动等方式对建筑体块进行处理，局部形成错落有致的"魔方"。横竖线条的几何分割丰富了立面层次和韵律感。楼体侧面顶天立地的竖向金属格栅片墙，使建筑体感更挺拔，表现出极强的现代公建感。横线条大尺度宽窗色调轻冷时尚，金属板、金属格栅、双层金属框、横向拉通玻璃面等现代材质的运用，再搭配仿石涂料及装饰一体的金属漆铝线条，呈现如江水般澄澈透亮的立面效果。

花园九境，春知学堂

宁波余姚春澜璟园，浙江

余姚春澜璟园集城墙公园、缤纷街区、地标华宅、幼儿园于一体，是一处大型复合型社区。园区延续绿城桂语式的精致立面，舒展的建筑线条搭配大面积玻璃窗。商业街区以新国风融合历史文化，传承传统印记。园区内部，住宅、花园营造出疏朗谧境的氛围；楼栋架空层与户外园林、归家入户单元联通，不仅是社区空间的延伸，也是全龄、多维、共享的家庭场景延伸。

春知学堂，探索自然

项目秉承"趣学""乐玩""妙用"三大主题及6个专类园，实现了创新课题"春知学堂"的属地化落地。"春知学堂"毗邻儿童活动场地，场地面积约600m²，光照充足。主入口前场空间宽敞，搭配艺术格栅，展现优美的景观效果和醒目的昭示性。药园位于主入口后方，展示药用植物种植及药用价值，拓宽孩子对植物功效的认知。径直前行可进入香园、蔬园和果园。香园栽种了各类香草和花卉，芳香袭人，具有疗愈感；蔬园以种植蔬菜为主，增进儿童农作经验；果园则以果树种植及水果植物展示为主，让孩子们体验亲子采摘之乐。最后是知园与蝶园，知园主打科普和植物知识展示，引导孩子认识书本中的植物，探寻诗经和古诗中的植物世界；蝶园则让孩子们与蝴蝶亲密接触，培养对自然的热爱和保护意识。

项目名称	宁波余姚春澜璟园
项目地点	浙江，宁波
建筑设计	浙江绿城建筑设计有限公司
景观设计	杭州卓时景观设计有限公司
精装设计	浙江绿城联合设计有限公司
总包单位	宁波建工工程集团有限公司、宁波市建设集团股份有限公司
用地面积	约8.5万m²
总建筑面积	约23.1万m²
开工时间	2020年11月
竣工时间	2023年02月
荣誉获奖	宁波站2020年品牌价值楼盘、2021年潜力楼盘、2021年最值得期待楼盘、2021年上半年浙江十大品质产品奖

"春知学堂" 鸟瞰

景观细节

景观细节

温润如玉，亲水趣活

温州凤起玉鸣，浙江

  温州凤起玉鸣坐落于鹿城区，邻近温瑞塘河，地理优势明显，但周边环境复杂。园区规划在审视温州山水格局与城市文脉后，从城市设计层面进行重新梳理，兼顾宜居、自然、艺术与商业价值，营造自然、轻松的度假风氛围，为城市注入活力。

重塑天际，亲水家园

  整体规划采用点板结合的模式，高低错落的建筑呈现出起伏跌宕的美感。住宅外立面采用公建化处理手法，简约现代的冷灰色调超平立面彰显淡雅之美；沿东侧城市公共绿地设计有配套商业，与沿河景观带内的小品建筑相互呼应，共同构筑了滨水开放活力空间。

项目名称	温州凤起玉鸣
项目地点	浙江，温州
建筑设计	大象建筑设计有限公司
景观设计	浙江蓝颂园林景观设计集团有限公司
精装设计	近境制作空间设计咨询（上海）有限公司
总包单位	杭州建工集团有限责任公司
用地面积	约6.1万m²
总建筑面积	约34.23万m²
开工时间	2019年3月
竣工时间	2022年12月
荣誉奖项	克而瑞2020年"上半年浙江十大高端产品"、克而瑞2022年度"全国十大交付力奢居作品"、美国MUSE缪斯设计奖建筑设计金奖、2021年IDA设计奖、2020年伦敦设计奖国际商业建筑类银奖（生活馆）

中央水景

景观空间鸟瞰

景观空间鸟瞰

动静相依，雅趣成趣

园区内部，秉承经典的对称美学设计，确立了一条自北向南贯穿的中轴，整体景观皆围绕这一轴线精巧布局，并以"一园多苑"的创新手法，形成"公园式空间"与"院落式空间"的交融，营造绿意盎然、丰富多样的场景。"公园式空间"包含北入口、泳池、大草坪、云朵乐园儿童活动区等一系列景观，强调共享、互动，进而促进邻里之间的相互认识、交往。"院落式空间"主要利用楼栋间微地形，打破景观营造匀质化套路，形成"乌桕水院""阅读花园""禅意之庭"等不同主题空间，营造沉浸式体验。设计注重小尺度空间的场景丰富性营造，力求在潜移默化中将各类主题空间与生活相互渗透，为业主带来由身及心的安定感。

下沉庭院与地下大堂

绿谷有芯，桂语温馨

丽水桂语兰庭，浙江

　　丽水桂语兰庭的场地北靠白云山，面朝瓯江，原场地内散落着许多原生香樟。规划总体采用庭院围合布局，顺应场地肌理，强化景观对称性和序列感，让大部分住宅都能拥有良好的景观视野。建筑设计强调横向水平感，立面舒展平整，增大的窗墙比与创新的纤薄视窗让观景视野更加开阔。金属格栅、大面积玻璃的组合营造时尚淡雅的现代气质，延续绿城桂语式经典的高颜值外观。

全"芯"温馨，回家之路

　　项目落地了绿城八大前置创新课题"芯空间"，从生活实际需求出发，将社区入口、景观组团、居住单元重新整合为"芯港湾"—"芯驿站"—"芯归院"这一序列空间，为人们营造充满人文温度的归家之路，打造层次更丰富、功能更全面的全体系社区公共空间。

　　"芯港湾"是"芯空间"的核心。借助垂直交通空间设计，传统的社区主入口被打造成微缩版"交通枢纽"，由"中央车站"、社区聚院、快递中心共同组成，高度融合交通、便民和公共活动空间，一站式满足多种使用场景。专属行车路线引导车辆直达地下大堂，不仅实现了行人与车流各行其道，私家车与网约车也互不干扰——业主外出时不用在寒风中等车，而是在地下大堂直接上车；回家停车后，也可以顺便在快递中心和便利店收取包裹和采购。

项目名称　丽水桂语兰庭
项目地点　浙江，丽水
建筑设计　浙江绿城六和建筑设计有限公司
景观设计　上海会筑景观设计咨询事务所（有限合伙）
精装设计　浙江绿城联合设计有限公司
总包单位　浙江荣呈建设集团有限公司、浙江耀厦控股集团有限公司
用地面积　约8.9万m²
总建筑面积　约24.3万m²
开工时间　2020年05月
竣工时间　2022年07月
荣誉奖项　美国MUSE缪斯设计奖展示空间设计金奖（生活美学馆）、2021年艾鼎国际设计大奖室内空间金奖（生活美学馆）

园区整体鸟瞰

下沉庭院

适老疗愈空间

古树下沉庭院

儿童场地"嬉木庭"

东次入口被打造为"芯驿站"，半开放式灰空间延续主入口风格。"芯归院"是对传统单元入户空间的升级，也拓展了家庭生活的空间外延：聚焦重构社区内人与人的关系，室外共享庭院兼顾私密性与自然通风。在这里，邻居们可以相约聚会，碰面的机会多了，自然会重拾热闹亲密的邻里氛围。

嬉木庭园，适老疗愈

园区内的风雨连廊净宽约2.7m，总长约1.4km，贯通整个园区，连接入口大堂和每一栋楼。21栋楼首层全部架空，形成大量社区邻里空间。

儿童场地"嬉木庭"位于拥有全园最佳日照的东南角组团，以一座高低起伏的多功能桥环绕大香樟，延续场地记忆。东西向轴线的端头，还营造了一座近2000m²的适老疗愈花园，由5个"绿岛花园"组成。坐凳休憩区和健身器械区的布置，以及不同高度的扶手栏杆设计，也充分考量了长者的生理需求。

古樟传承，对话自然

古樟树是场地土生土长的"原住民"。项目经过巧思设计，原址保留了其中4棵。项目围绕3棵约120年树龄的古樟营造了古树下沉庭院，通过分层设计将地库与园区连接，提供更好的景观观赏面及采光——业主从地下车库出来，穿过"中央车站"便可到达下沉式庭院；另一棵约百年树龄的古樟则作为入口空间的引导地标，结合回廊，形成香樟历史广场。开放的大阶梯设计让这里形成天然的社区聚院，水幕、林荫、花阶、条凳，相互融合交错，共同营造出一处尺度宜人，活动场景丰富的社区公共空间。

多样的力量

有活力的社区，有理想的小镇

绿，是一个动词

春风又绿江南岸，这个"绿"，是一个表达万物生长的动词。

即将而立的绿城，也代表着绿生万物的生机，更有一颗潮起之江的亚运之心。

2023年秋分时节，亚运会在钱塘江畔盛大开幕。钱塘江，古称"之江"，其名寓意着勇往直前。绿城的奋斗精神、夺冠基因、弄潮特质，都能从这条江的历史中找到注解，展现出一个充满活力、人人热爱运动的绿城形象。

济南、沈阳、天津、西安的全运会，绿城包揽了所有全运村营造项目。正是在4座全运村的基础上，绿城才有了做好杭州亚运村的满满底气。绿城集结最强的团队，拿出最好的产品，为城市奉献美丽建筑。

杭州亚运村选址于钱塘江南岸，处于沿江地区城市新中心，项目规划总用地面积1.13km²，由运动员村、技术官员村、媒体村、国际区和公共服务区组成。其中，运动员1号村和媒体村由绿城倾力打造。

亚运村作为绿城的"一号工程"，不仅是2023年杭州亚运会的核心配套设施，更是城市发展和国际形象的重要展示窗口。作为承建方和服务方之一，绿城以"绿色、智能、节俭、文明"的办赛理念为指引，紧紧围绕"六品绿城"（品相、品质、品位、品牌、品行、品格）方针，全力打造兼具国际视野和杭州韵味的社区。

在规划理念上，绿城以表达"国际的、江南的、杭州的"城市美学为基调，遵循"先谋城"的整体思路，注重三村四地块的联动效果，以"一环、二轴、三公园"方式布局，通过中心公园与围合式院落组团的高低错落，照映出完整有序的城市天际轮廓。

杭州亚运会期间，绿城凭借4届全运村的赛事服务经验，以运动、国际、安全、科技、共治5个维度为核心，承担起赛事期间的住宿、餐饮、工程、物业、安保等关键服务工作，为来自世界各地的运动员、教练员、技术官员及媒体提供一流的居住和交流环境。

绿城始终以不屈不挠的体育精神和温暖的人文关怀，支持赛事、创造城市美好。绿城坚持"生活因温暖而美好"的理念，将健康理念融入亚运村的产品设计中，并提倡一种自在、文明、自由的生活方式。

绿城的品牌精神一直与运动息息相关。绿色代表生机——绿城足球队已与浙江球迷携手走过25年，绿城教授游泳的"海豚计划"也已伴随小业主14年；绿城"踢球去"社区足球联赛已举办至第八届，连接了12个赛区、168支球队、超过2500名足球爱好者，让大家一起在绿茵球场上追逐梦想。

"绿动万物，城接亚运，人人都是运动家"——这是绿城体育精神的核心，也是全运村与杭州亚运村建设者的生活理想，符合众人的期望。

绿在九月，亚运盛典，明月桂花正当时。

张海龙

央视纪录片撰稿人、杭州市作协
主席团委员、余杭区作协主席

杭州亚运村实景

运动活力

　　绿城，以其卓越的开发实力，先后参与了济南、沈阳、天津、西安4座全运村的建设，以及杭州亚运村的打造，这些项目不仅承载着城市升级的愿景和雄心，更成为城市发展的标志性建筑群。

　　绿城运动系列产品的规划、设计、开发、运营和赛事服务，集中展现了绿城的价值理念、产品精髓、独特气质和核心优势，集文化、生态、商业、教育、医疗等优势资源于一体，同时，还将运动精神贯彻融入社区与建筑的营建之中，打造运动、时尚的城市理想生活样本，为主办城市留下一份高质量的赛会遗产。

　　绿城的运动系列产品，将城市的活力与运动精神，与建筑美学和生活艺术完美融合，最终成为城市美好生活的载体，以及城市精神文化的象征。

赛事期间的杭州亚运村

园区整体鸟瞰

亚运塑城，梦想成真

杭州亚运村，浙江

    杭州第十九届亚运会完美落幕，中国体育代表团创造了亚运会历史最佳成绩。在古希腊神话中，月桂枝条编成的花冠象征着荣誉，"桂冠"便成了对诗人或竞赛优胜者的最高奖励。如今，绿城承建的4个全运村和杭州亚运村，均以"桂冠"命名其产品系，旨在打造运动、时尚的城市理想生活样本。

从全运村到亚运村，桂冠系的美好传承

    绿城"桂冠系"产品以其独特的选址观、规模恢弘的体量和与城市的深度融合而备受瞩目。项目注重全龄全时的社区能量场，通过运动空间的规划和运动硬件配置，让每个人都能享受到运动的乐趣。此外，桂冠系还强调功能的复合型开发，形成一个充满活力的城市社区。最重要的是，绿城希望通过运动社群活动重现邻里文化，让友邻有爱成为社区的核心价值。

    自2008年以来，绿城以济南、沈阳、天津、西安的4座运动村为起点，踏上了"桂冠"之路。每个项目都代表了绿城对城市和社区发展的独特理解。在全运村的打造过程中，绿城积累了丰富的经验，形成了具有自身特色的运动村发展模式。这些经验也为杭州亚运村的打造提供宝贵的借鉴。

项目名称	杭州亚运村
项目地点	浙江，杭州
规划设计	SOM建筑设计事务所
建筑设计	浙江绿城建筑设计有限公司
景观设计	浙江蓝颂园林景观设计集团有限公司（运动员1号村）；杭州绿城坤一景观设计咨询有限公司、杭州绿湖景观设计咨询有限公司（媒体村）
精装设计	HWCD、近境制作（方案设计）；杭州大诠建筑装饰设计有限公司（住宅批量）；万界设计事务所（杭州）有限公司（架空层公区）
总包单位	浙江钜元建设集团有限公司、浙江耀华建设集团有限公司、中建三局集团有限公司（运动员1号村）；浙江坤兴建设有限公司、浙江振丰建设有限公司、浙江省建工集团有限责任公司（媒体村）
用地面积	约13.9万m²（运动员1号村）；约19.5万m²（媒体村）
建筑面积	约56.6万m²（运动员1号村）；约66.3万m²（媒体村）
开工时间	2018年10月（运动员1号村）；2018年12月（媒体村）
竣工时间	2021年12月（运动员1号村）；2022年01月（媒体村）
获奖荣誉	2018年与2019年美国IDA国际室内设计大奖（售楼部）、2020年伦敦杰出地产大奖、2019年浙江省第二届"建工杯"BIM应用大赛工民建组金奖

在景观空间中运动的人们

从园区景观看建筑

亚运会期间的园区外观

亚运会期间的园区沿街景观

多样的力量——有活力的社区，有理想的小镇 / 运动活力

亚运会期间的园区公共空间

桂冠之作，杭州亚运村的实践

杭州亚运村，一座汇聚国际精神、亚洲风貌、江南韵味的桂冠之作，得益于绿城创始人宋卫平和董事会主席张亚东的卓越领导，以及美国SOM、gad、绿城GTS、HWCD等大师级设计团队的精诚合作，以"盘活+再生"为理念，打造出运动员1号村和媒体村两大功能区。在产品营造上，桂冠东方城延续了"桂冠系"六大特性，并结合杭州文化、地域特点，打造出汇聚国际精神、亚洲风貌、江南韵味的桂冠之作。

从赛事服务功能到居住功能的切换，绿城在建设之初，就予以了充分考虑。运动员1号村赛时作为运动员及随队官员的住宿场所，赛后则转换为住宅区域，并配有幼儿园、公园等设施，服务城市居住功能。媒体村在亚运会期间为媒体人员提供住宿保障，亚残运会期间为残疾人运动员和随队官员提供住宿服务，赛后将转化为高端人才公寓租赁住房，并配有邻里中心、幼儿园、小学、公园等设施。

杭州文化的建筑转译

杭州桂冠东方城是一个融合了江南特色与现代元素的建筑项目，注重城市韵味。裙房设计提取了传统民居中黑瓦白墙、木构檐廊、穿堂庭院的特征，通过现代材料进行抽象简化，展现出杭州的风雅。项目以"混合式街区"为设计理念，构建了"活力公园—韵味街巷—江南庭院"三级空间架构，通过多层次多功能的公共开放空间，让室内与户外、社区与街区友好相连。结合亚运特色，园区内设置跑道；打造分龄段儿童活动场地，并配置成人运动区，设置康乐设施，方便休憩、儿童看护及邻里交流；利用园区内的三大泳池，开展绿城"海豚计划"，让更多小朋友学会游泳。

长安乐章，唐风绽放
西安全运村，陕西

全运村背后的绿城力量

    绿城以其独特的魅力，成功地为第十四届全国运动会献上了圆满的答卷。作为西安全运村的建设单位，绿城凭借其丰富的开发经验，塑造出一座具有独特的规划设计风格的全运村，为全国人民展示了其深厚的文化底蕴和建筑实力。这座全运村的建设并非偶然，而是绿城成立20余载以来精心打造的第四座全运村。其背后，是绿城对多元化发展的深入理解和实践。

唐风雅韵：长安华章绽放

    其中的丹桂苑项目，为西安全运村板块奥体核心区的住宅区。园区遵循中轴对称的规划布局，以中心花园为核心，周围环绕着13栋高层住宅。其示范区更落地了2022年西安属地化创新课题"唐风示范区"。地块北侧设

园区整体鸟瞰

园区沿街效果图

大堂效果图

入口大堂

项目名称 西安全运村

项目地点 陕西，西安

规划设计 上海登龙云合建筑设计有限公司

建筑设计 浙江绿城建筑规划设计管理有限公司、浙江绿城建筑设计有限公司

景观设计 杭州亚景景观设计有限公司

精装设计 浙江绿城联合设计有效公司（木兰郡）、浙江绿城建筑规划设计管理有限公司（丹桂苑）

总包单位 陕西建工集团股份有限公司、中交二公局第五工程有限公司、浙江振升建设有限公司

用地面积 约14.7万㎡

总建筑面积 约51.6万㎡

开工时间 2019年08月（木兰郡）；2023年02月（丹桂苑）

竣工时间 2022年11月（木兰郡）；在建筹备（丹桂苑）

荣誉奖项 2022—2023年度世界人居建筑及环境大赛居住区景观金奖（丹桂苑）、GBE地产设计大奖2023年最佳地产设计大奖（丹桂苑）

有入口大堂和入口庭院，通过多重空间礼序的院落，呈现出"唐风三进院"的格局。采取现代手法打造的园区景观，以山脉意象的微地形塑造和波浪地形的戏水运动空间为特色，创造出充满艺术化和角色化的空间体验。同时，丹桂苑注重属地化设计，运用山川奇石和红叶古树等元素，打造了一个秦岭缩影化的文化场域。

丹桂苑的高层住宅采用经典且偏公建化的立面设计，建筑立面整体以横向线条为主，体现出大气典雅的建筑形象。南侧则运用飘顶、错层露台等元素，强调现代感。商业空间设计突破常规通廊式形态，展现了丰富的社区生活场景。丹桂苑的整体建筑设计充分融入了唐风元素，如榫卯结构、斗拱、承檩串、绿釉琉璃、白壁丹楹等，展现了大雅之风和西安的历史风貌。

社区新生

　　随着中国的城市化进程逐步放缓，房地产行业进入深度调整期，中国城市发展已经迈入一个全新的阶段。

　　绿城通过数字化和智能化创新，成功打造了包括衢州礼贤未来社区在内的多个未来社区项目，引领了城市社区新建和旧改的新趋势，提升了居民生活质量，成为未来社区建设的行业标杆。

　　绿城作为美好生活产业的引领者，积极探索城市更新，挖掘城市存量资源，激发区域活力，改善在地生活。绿城小镇集团作为吉祥里的运营商，也以创新理念和实践，展现了绿城美好生活产业的城市更新之道。紧邻吉祥里的杭州雅泸名筑项目，为提升区域人居品质提供了有力支撑，为城市更新贡献了新思路。

衢州礼贤未来社区实景

未来社区，礼贤谱曲

衢州礼贤未来社区，浙江

在浙江省的心脏地带，衢州市迎来了其首个未来社区项目——礼贤未来社区。社区总建筑面积约62.4万m²，东临新元路，西接衢江，北至衢江大桥劳动路，南至双港立交桥，如一幅铺展在城市中心地带的宏大画卷。

礼贤未来社区：一幅未来的画卷

在整体规划方面，围绕"大同之城，崇德礼贤"的核心理念，绿城贯彻了"三化九场景"，以开放式的社区设计，融合了邻里中心、社区幼儿园、安置房组团以及商品房组团等多元功能。

住宅组团：情感与空间的交融

住宅建筑造型及空间风格的设计充分考虑了衢州当地的特色，通过深入思考总结中国特色邻里关系，提炼并熟练运用多种地方性的建筑语言、传统空间及细节处理手法，提取传统东方建筑"白墙黛瓦""前坊""望楼"等元素，形成既具有中国特色，又富有未来感的建筑特征。

特别值得一提的是，在礼贤未来社区中，安置房组团如何为回迁居民营造一个既能延续情感纽带，又能享受体面生活的新家园，成为绿城关注的焦点。园区采用围合式组团设计，打造更具归属感的内向空间，并采用外廊式住宅布局，每层以4~6户为一个居住单元，在满足高容积率指标、不同户

邻里中心"礼贤台"的空中花园

隔水看社区全貌

项目名称	衢州礼贤未来社区	**开工时间**	2020年12月
项目地点	浙江，衢州	**竣工时间**	2022年04月（安置房组团、社区幼儿园）；
规划设计	浙江绿城建筑设计有限公司		2023年08月（商品房组团、邻里中心）
建筑设计	浙江绿城建筑设计有限公司	**荣誉奖项**	意大利A'Design Award设计奖、环球地产设
景观设计	浙江蓝颂园林景观设计集团有限公司、浙		计先锋设计概念奖、2023年墨尔本设计大奖
	江绿城建筑设计有限公司		银奖、"三联人文城市奖"提名"社区营造
精装设计	集艾室内设计（上海）有限公司（邻里中		奖""城市创新奖"、2020年中国地产数字力
	心）、浙江绿城联合设计有限公司（住		智慧社区标杆项目、2022年CREDAWARD地产
	宅）		设计大奖·中国 优秀奖、2023年度AMP美国建
总包单位	杭州建工集团有限责任公司、恒尊集团有		筑大师奖 优胜奖、2023年杭州建设工程"西
	限公司、浙江荣呈建设集团有限公司		湖杯"一等奖、2023年浙江省工程设计"钱江
用地面积	约18.1万㎡		杯"一等奖
总建筑面积	约62.4万㎡		

园区沿街外观

从室外看架空层空间

型灵活组合的需求下，创造了更多的交往与活动空间。

为进一步增加居住人群交往的可能性，项目在1~7层设置了一套连接不同楼层公共空间的跃层、跨居住单元的立体游廊系统，即"立体街坊"。这一设计将原本仅限于底层的单元间交往活动扩展至竖向维度，并在底层和屋顶创造了新的活动空间。

邻里中心：孩子们的乐园与城市的脉搏

邻里中心以创新型商业理念打造集生活、社交、购物、餐饮、娱乐、休闲、生态于一体的开放式商业形态；以"MALL+街区"为主题的设计让生活配套和公共配套相互融合；同时构建屋顶景观带、多主题景观组团，以移步换景的社交休闲空间，营造沉浸式消费场景。邻里中心的设计灵感来自衢州礼贤门、水亭门等古城文化地标，以现代手法重新演绎传统建筑元素，使得整体造型兼具属地特色与强烈未来感。

绿城礼贤：未来社区的探索者

衢州礼贤未来社区作为绿城首个启动竣工验收的新建类未来社区项目，展示了绿城一直以来致力于通过产品力"让生活更温暖，城市更文明"的决心，也是一次对在"城市高密度大型住区开发项目"中，实现新社区营造可能性的实践探索。

未来社区不仅仅是一个社区，更是一种多维度的理想生活体现。绿城将持续参与未来社区的探索实践，用行动将理想照进现实，迎接更美好的未来。

吉祥里街区实景

城市更新，名筑优雅

杭州雅泸名筑，浙江

　　吉祥里位于杭州城北宦塘河畔的传统风貌街区，是杭州江南水乡的典型代表之一，承载着丰富的历史记忆和归属感。作为吉祥里的运营商，绿城展现了卓越的产业运营能力和前瞻性思维。

保护性开发，传承历史文化的城市更新

　　吉祥里秉持着"保护性开发，传承历史文化"的理念，承袭古韵，启迪新颜。保留原街区石库门、高围墙、直屋脊等特征，修复4处市级历史保护建筑，保持原有风貌与气韵。同时，巧妙地融入现代元素，实现传统与现代的和谐共融，塑造全新建筑美感。吉祥里致力于构建多元内生型社区，引入优势资源，激发区域活力，以河、街、宿、社、养五大功能分区规划，打造集娱乐、休闲、文化、艺术、社交等多功能于一体的街区生活主场。杭州雅泸名筑毗邻吉祥里步行街区，占地约1.03万m²，由两栋4至6层低密建筑组成，共有10个单元。

项目名称	杭州雅泸名筑
项目地点	浙江，杭州
建筑设计	大象建筑设计有限公司
景观设计	上海朗道景观规划设计有限公司
精装设计	上海无间建筑设计有限公司
总包单位	辉迈建设集团有限公司
用地面积	约1万m²
总建筑面积	约2.7万m²
开工时间	2021年05月
竣工时间	2023年12月

吉祥里街区局部

雅泸名筑建筑立面

现代美学建筑，融汇无界园林景观

    雅泸名筑以其现代美学的设计理念和无界园林景观，提供了一个舒适、现代园区环境。每个立面都经过精心设计，呈现出独特的美感。

    园区景观设计秉承"无界"理念，在有限空间创造垂直共生社区，强调一体化景观。园区内的车行入口区、中心组团空间、下沉庭院等，提升了空间精致感。整体镜面水景环绕下沉庭院，形成多样化小场景。

理想小镇

　　绿城的每一个小镇都是独特的存在，它们在自然中生长，扎根于独特的山水和人文之中。在开发过程中，绿城尊重并保护土地的原貌，巧妙地利用自然之美，同时遵循并助力本土文化的传承与发展。项目如海南蓝湾小镇、杭州桃李桂香园，体现了绿城理念——"比城市更温暖，比乡村更文明"，也彰显了绿城对美好生活的追求。绿城理想小镇的建设和发展，不仅仅是对传统房地产开发模式的超越，更是对理想生活的一种探索和实现。

海南蓝湾小镇实景

海上桃源，蓝湾梦圆

海南蓝湾小镇，海南

绿城蓝湾小镇占地约3.2km²，坐拥鉴湖·蓝湾高尔夫球场、威斯汀度假酒店、蓝色港湾商业中心、蓝湾未来领导力学校等优质配套，东接"陵水黎安国际教育创新试验区"（建设中），西临"国家海岸"海棠湾，拥有全球仅3处的"会唱歌的沙滩"。作为滨海理想生活小镇代表作，绿城倾力打造"365天×24小时"不间断的小镇服务体系，并以小镇公约、小镇吉祥物等精神纽带展开文化建设，打造一个邻里和睦、其乐融融的"海上桃源"。

因地制宜，生长与形制

潮鸣苑位于蓝湾小镇内，西瞰鉴湖·蓝湾高尔夫球场果岭，南观清水湾海岸线，为蓝湾小镇仅有的两块住宅用地之一，珍藏高尔夫和海岸线双景观资源。项目规划容积率不大于1.08，限高24m，以绿城"凤起系"TOP级为定位，打造中国热带长居样本。项目遵循因地制宜原则，采用灵活有机生长方式布局。建筑顺应地块周界环境，围合错落排布，宛如种在果岭之上。景园空间通达交融，注重融合性，以在地况味结合造园意境，铺陈一幅流动的风

项目名称	海南蓝湾小镇（潮鸣苑）
项目地点	海南，陵水
建筑设计	浙江绿城建筑设计有限公司
景观设计	浙江蓝城卓时建筑环境设计有限公司
精装设计	HBA赫斯贝德纳设计咨询（苏州）有限公司、浙江蓝城卓时建筑环境设计有限公司
总包单位	大立建设集团有限公司
用地面积	约9.8万m²
总建筑面积	约14.7万m²
开工时间	2023年09月
竣工时间	在建筹备

景画卷。庭院依托《春江花月夜》的诗境，融合江南景致，在海南营造细腻的诗意风雅。

景观设计将高尔夫果岭景观置入苑内，实现多重宽景视野最大化。礼仪归家动线依循严谨尊贵形制，采用轴线布局，并汲取海南"船屋"灵感，融入编织美学、内庭水院、连廊设计，将海南栖居美学予以国际语境转译表达，在归家情境中悠然体验热带海岛风情。最终形成"双轴一环三园"规划体系，礼仪与自然诗意交融，建筑与风景完美融合。

室内取法酒店设计理念，传承绿城"凤起系"的美学与品位，提升精致感与功能性。秉持琢玉精神，运用国际前瞻空间设计语言，打造建筑面积295~561m²的轻法奢宅，以及建筑面积162~226m²的现代风格奢居。入户花园庭院融合迎宾、赏景、收纳多元功能形成"玄关综合体"。毗邻高尔夫球场的空间被打造为大平层360°全景视野洄游巨厅、IMAX沉浸度假阳台，创造出极致阔境空间体验。超广角景观视野的酒店式总统套房、多套房平权设计，最大化满足全家庭舒适度假，将酒店式体验全面展现。定制款艺术拼花砖、肌理漆，与树脂板、伊丽莎白石材等形成精美质地，将度假生活进行艺术升华，沉淀恒久之美。

潮鸣苑公共区域鸟瞰

观云居鸟瞰

项目名称	海南蓝湾小镇（观云居）
项目地点	海南，陵水
建筑设计	浙江绿城建筑设计有限公司
景观设计	浙江蓝城卓时建筑环境设计有限公司
精装设计	北京居其美业室内设计有限公司、深圳丹健环境艺术设计有限公司、浙江蓝城卓时建筑环境设计有限公司
总包单位	浙江大立建设有限公司
用地面积	约5.34万㎡
总建筑面积	约2.23万㎡
开工时间	2022年12月
竣工时间	在建筹备

从泳池看建筑

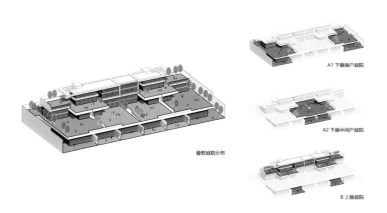

叠墅庭院分布

A1 下叠端户庭院

A2 下叠中间户庭院

B 上叠庭院

叠墅空间示意图

空间赋形，私享有天有地

观云居的地块呈狭长东西走向，容积率仅0.36，集合了果岭、湖、海等优质景观资源。设计以"一场心灵净旅"为出发点，旨在打造"自然、纯粹、艺术的度假居所"，赋予场地隐奢自然的度假感居住氛围，为居住者带来宁静、放松和愉悦的体验。

设计结合果岭观景视野，利用错落有致的空间布局形成层次分明的建筑视觉，为上下叠实现度假感和独立性。层层退台与悬挑设计轻盈垒叠，营造出多处进深大、尺度阔的檐下之境，遮挡住海边炽热的阳光，再配合格栅等构件进行围合，阻隔户与户之间的视线干扰。面积不等的空中大露台把花园带到空中，将室内功能向室外延展。在露台眺望高尔夫球场，观云赏月，听风饮茶，宁静自在。

建筑极简立面美学与观云居整体布局中的自然基调相互映衬，浑然天成。立面形式以横向线条为主，其材料色彩取自宋代瓷器，淡雅温润，尽显东方简约之美。团队考虑到海边极端的天气，经过反复比较和斟酌，更轻盈、更适应当地气候的天青色镀釉弧面铝板最终成为立面主材。铝板表面别致的竹节肌理，在入园大堂、户外会客厅、院墅立面上都有应用，在此处却别出心裁以横向、竖向肌理作为区分，呈现雕塑般的建筑美感和细腻的建筑表情。在这里，内外边界模糊，家不再是封闭的、不变的，而是开放的、灵活的，庭院的存在，将内外空间的交融诠释得淋漓尽致。

宋时雅韵，江南庭院

杭州桃李桂香园，浙江

杭州桃李桂香园项目位于杭州龙坞茶镇，距离杭州市中心约15km，四周群山环绕，茶山连绵起伏。项目规划以"南宋旧都，中国庭院；龙坞形胜，江南人家"为理念，延续龙坞的山水调性，融入龙坞的茶文化和宋代美学，创造雅居生活，演绎人文记忆。

舒朗雅致的宋画建筑风格

园区采用舒朗雅致的宋画风格，体现了清雅内敛、醇和飘逸的文化特征。建筑呈现出宋代建筑的精巧工艺和美感，整体风格轻盈雅致。建筑细节方面，参考传统宋式建筑元素，以纤细的横向线条和构件为主，现代的混凝土结构内收，扶手挂落等装饰构件外挑，屋檐出挑深远，构造丰富层次，屋面曲线优美灵动。挂落采用铜色金属形成竖向纹理，简约雅致；柱子为嵌铜八角柱，角部内收，细腻精致；柱础溯源宋式八角柱础，简洁有力；栏杆还原宋式建筑寻杖绞角造，工致精巧。

项目名称　杭州桃李桂香园
项目地点　浙江，杭州
建筑设计　大象建筑设计有限公司
景观设计　浙江绿城环境工程咨询管理有限公司
精装设计　北京紫香舸装饰设计有限公司
总包单位　浙江大华建设集团有限公司
用地面积　约4.3万㎡
总建筑面积　约7.1万㎡
开工时间　2022年11月
竣工时间　在建筹备
荣誉奖项　华鼎奖2023—2024年度国际环艺创新设计
　　　　　作品大赛金钻奖

画境游园式复合型景观

　　景观设计以"桂香雅集·闲庭宋居"为理念，将宋代文化和园林中的含蓄内敛、风雅恬淡以及简练质朴的调性运用到景观空间的每个部分。设计从文化气韵、设计手法、材料工艺三大维度考量：在文化气韵上，对宋代八雅文化、宋代汝瓷和杭州桂花文化进行提取运用；在设计手法上以宋式古典园林为蓝本，营造杭州高端宋式山水诗画园林，将传统的宋代美学建构为当下可感可知的东方生活；在材料工艺上，入户灰空间铺装采用大块面的夜里雪石材，增强入户仪式感和雅致感。

"茶田景色"与"满园的桂香"

　　生活馆室内设计以"源于龙坞，归于龙坞"为设计理念，创造更具艺术、前沿、国际化的交流空间。借助"茶田景色"和"满园的桂香"构成文化焦点，以现代形式呈现宋代四雅文化：点茶、焚香、插花、挂画。地面石材与墙面造型结构层层相衔，形成极具秩序感的存在，将仪式感浸润到现代设计语境中。

桃李桂香园示范区

商业升级

　　在商用物业的开发历程中，绿城致力于通过房产建设为客户提供深层的人文关怀。

　　随着后疫情时代的到来，人们对办公空间的需求也在发生着深刻的变化。绿城提出"花园办公"设计理念，将办公与景观空间融合，营造自然、健康的环境，激发工作灵感。

　　除了办公物业，绿城的城市综合体和酒店物业也是其商用物业的重要组成部分。这些物业整合了多项资源，采用了经典理性的设计风格和现代全功能的商务概念，使其成为城市中最高档和最具升值潜力的商用物业之一。它们不仅为商务人士提供了高品质的服务，更成为城市的地标，见证了商圈的日益繁荣。

杭州云澜谷商务中心实景

西溪绿谷，风景廓廓
杭州云澜谷商务中心，浙江

　　杭州云澜谷商务中心聚焦"生态、灵感、共享"三大新趋势，是绿城在后疫情时代对未来办公空间需求的创新回应。项目以西溪湿地的自然景观为设计灵感，构建"自然客厅·都市溪谷"的办公氛围，为现代都市办公生活注入新活力。

　　　　　　　多样的力量——有活力的社区，有理想的小镇　/　商业升级

景观空间

景观空间

整体鸟瞰

内外兼修，生态共融

项目采用了围合且开放的总体布局，6栋体量不等的多层单体建筑以"U"字形围合，引申出"都市溪谷"的概念。建筑体量沿中心庭院进行退台处理，优化了整个场地的空间尺度。同时将蒋墩路一侧的城市界面完全开放并设置下沉广场，消解地块东侧西湖区文体中心巨大体量的同时，自然地将两个地铁出入口串联，带动地下商业人气。整个绿色办公的内核由下沉庭院、地面庭院和露台庭院以自下而上的方式呈现，创新构建起一个三维立体的生态体系。

外立面采用细致的浅灰色层间金属线条搭配大面积蓝灰色玻璃，打造干净、纯粹、现代的立面效果。同时，在层间线脚的基础上增加细节层次，强化退台的存在感，结合退台铝板山墙面，强化了建筑体块叠落的效果，烘托出内外有别的立面观感。

自然客厅，拾忆庭景

云澜谷自东向西分为三重景观序列，营造活力、外向的城市景观、灵活互动的空间以及内向共享的环境氛围。融入湿地水网、狭长水道、浮岛等元素，唤醒人与场所的精神联结，满足现代人的草木情怀。室内设计汲取西溪湿地自然风景和云澜谷气质，利用植物、小型水体改善室内环境，形成绿色节点。一体化的建筑、景观、室内相互渗透，创造更多"看得到风景的房间"。

项目名称	杭州云澜谷商务中心
项目地点	浙江，杭州
建筑设计	浙江绿城建筑设计有限公司
景观设计	浙江蓝城卓时建筑环境设计有限公司
精装设计	杭州万境装饰设计有限公司
总包单位	浙江钜元建设集团有限公司
用地面积	约33.4万m²
总建筑面积	约9.4万m²
开工时间	2020年05月
竣工时间	2023年02月
荣誉奖项	亚洲房地产大奖年度写字楼开发项目中国区金奖、伦敦设计奖概念建筑设计银奖、纽约设计大奖金奖、美国MUSE缪斯设计奖景观设计金奖

商圣之乡，绿城广场
诸暨中心，浙江

　　诸暨，这座有着1500多年历史的"商圣"之乡，以其强劲的经济实力和快速发展，稳居全国"百强县"之列。2022年8月31日，超200m摩天高度的诸暨中心交付，成为绿城首个交付的超高层商用项目，也为这座文化名城注入了新的活力。

超高层尊崇商务私邸

　　项目采用高标准玻璃幕墙。高达3层的Low-E玻璃的大面积应用，赋予了城市超高颜值的天际风景。精装地下大堂、高品质电梯厅、挑空近10m的酒店式精装大堂，提供尊崇的高端社交体验。建筑面积63~102m²的商务私邸，约

项目名称	诸暨中心
项目地点	浙江，诸暨
建筑设计	浙江绿城建筑设计有限公司
景观设计	EDAW、AECOM（方案设计）；杭州兰馨景观设计有限公司（深化设计）
精装设计	万橡建筑设计咨询（北京）有限公司（塔楼方案设计）；北京奥易联合装饰设计有限公司（塔楼深化设计）；凯里森建筑设计（北京）有限公司上海分公司、汉嘉设计集团股份有限公司（青悦城）
总包单位	浙江展诚建设集团股份有限公司
用地面积	约3.2万m²
总建筑面积	约22.5万m²
开工时间	2010年02月
竣工时间	2022年08月（塔楼）

鸟瞰诸暨中心与周边环境

4m的奢适层高，约4.8m敞阔面宽，定制专属的生意场、社交场、生活场，八大户型空间配备巨幕落地窗，更将远处的山景与江景尽收眼底。

空中酒店美景共享

国际一线品牌希尔顿酒店的入驻，带来超330m²室内恒温泳池、约660m²空中中餐厅、近千平方米宴会厅、全日制高级餐厅。酒店整体设计灵感源于"西子故里，梦中水乡"的唯美画面，将"西子浣纱"这条主线贯穿整个设计中，并将本地特产珍珠等元素融入其中，通过多种材质及艺术形式诠释意蕴。酒店共拥有363间舒适的高空观景客房和套房，可轻松饱览陶朱山和浦阳江四季变幻的自然美景或开阔的城市繁华景观。

喜来登中，山海万重
宁波象山绿城喜来登度假酒店，浙江

　　宁波象山绿城喜来登度假酒店位于松兰山景区的心脏地带，享有三山一海的壮丽景色，其如诗如画的环境恍若"山海皆入怀"。其紧邻的中国·浙江海洋运动中心也是第十九届杭州亚运会帆船（板）竞赛的举办地。该酒店是绿城与万豪的卓越合作成果，也是双方合作的第十家酒店。

山海之心，自然与建筑的和谐共生

　　酒店占地面积达3.6万㎡，拥有270间精致客房、5个会议室、1个多功能厅。此外，酒店还设有悦厨中餐厅、食光全日餐厅等。设计巧妙地回应了用地界限、自然环境和周边建筑形态，形成了折线形的板楼布局，犹如山海之间的和谐乐章。室内设计将当地渔港文化的精髓融入了喜来登的现代摩登风格之中。相比以往，酒店的内装设计更加现代、时尚，注重公共区域的功能性和社交功能。

项目名称	宁波象山绿城喜来登度假酒店
项目地点	浙江，宁波
建筑设计	浙江绿城建筑设计有限公司
景观设计	上海朗道景观规划设计有限公司
精装设计	CCD郑中设计事务所
总包单位	宁波市建筑集团股份有限公司
用地面积	约3.6万㎡
总建筑面积	约6.2万㎡
开工时间	2011年09月
竣工时间	2022年01月
获奖情况	浙江省风景园林学会优秀园林工程奖施工类金奖（景观）、园冶杯设计奖住区景观酒店类银奖、中国安装工程优质奖"中国安装之星"

宁波象山绿城喜来登度假酒店鸟瞰

标准的力量

有规矩的开阔，有保障的品质

回归人本空间，演绎多彩人生

近年来，绿城更加重视户型设计，开展户型调研，倾听客户心声，联动清华大学周燕珉教授（下文简称"周教授"）精研国内外住宅先进经验，将户型的人性化、精细化作为研究重点，共同开展有关户型设计的创新研发。

周燕珉
清华大学建筑学院教授、博士生
导师、国家一级注册建筑师

绿城：作为一位住宅建筑设计研究专家，您如何从研究家庭成员的行为模式入手，通过设计方式营造人的自在、松弛的状态，同时促进家庭成员间的交流、关爱、呵护与陪伴？

周教授：想要维系与促进良好的家庭成员关系，我们认为住宅户型设计要做到"既能分得开，又能合得来"。"分得开"意味着每个家庭成员都能享有自由、私密和舒适的独立空间。过去，住宅户型设计提倡动静分区，"公区"和"私区"相对分离，多个卧室会集中布置在一起。这其实很容易引发家庭成员生活上的互相干扰，比如当婆媳房间门对门时，双方很可能因为生活习惯和作息时间的不同而发生不愉快。因此，卧室适当分离的户型能够适应更加多样的家庭结构，尤其是对于多代同堂的家庭更为重要。

"合得来"则是在"分得开"的基础上，通过户型设计让家庭成员能够互相关心、更加融洽。绿城提炼出的"关照空间"的概念，就是这一理念的延伸，其可以借助以下设计策略得以实现：

中央岛——把西厨、岛台或吧台等设计在户型中部的位置，令其视线通达，与客餐厅关系近便。这样的设计可以让中央岛成为"家庭焦点"，让做饭的人轻松自然地与家人交流，把握住晚饭前后的"黄金交流时间"。

最长斜线——在住宅中，如能将门、洞口巧妙对正，就能设计出视线贯通的"最长斜线"，让空间通透和显大，同时有利于家人之间的相互关照和了解。特别是能让人在进出门时，方便地与家人打招呼，或在空间中走动时更充分地了解和掌握家中的情况。

小家式主卧——过去大户型的主卧设计趋向于功能齐全、空间豪大。然而，主卧也需要"亲切化""小家化"。主卧除了有睡眠、储藏的功能外，还可以有起居、书房、水池，以及兴趣爱好等空间和设备，使夫妻在主卧中就能满足日常生活的所有需求。夫妻可以在主卧中形成亲切私密的"1米交谈距离"，维系良好的关系。

上虞晓风印月"中央岛"实景

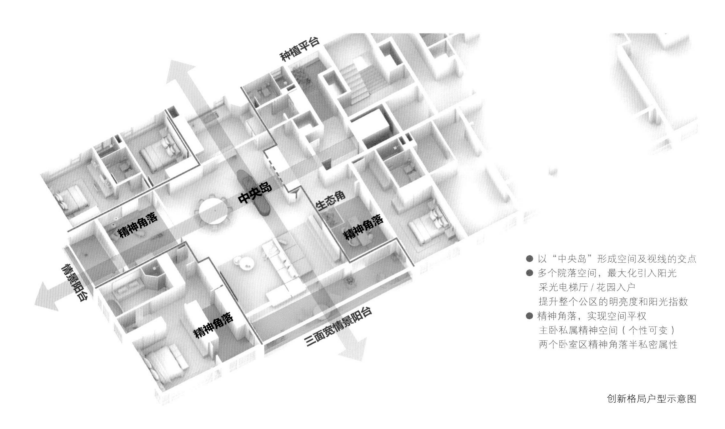

种植平台

中央岛

生态角

精神角落

精神角落

情景阳台

精神角落

三面宽情景阳台

- 以"中央岛"形成空间及视线的交点
- 多个院落空间，最大化引入阳光
  采光电梯厅 / 花园入户
  提升整个公区的明亮度和阳光指数
- 精神角落，实现空间平权
  主卧私属精神空间（个性可变）
  两个卧室区精神角落半私密属性

创新格局户型示意图

绿城：居住空间的基本生理需求得到满足后，居住者就会更加注重个性化的使用体验以及精神层面的追求。请您谈一谈户型精细化设计的要义。

周教授：精细化设计的核心是关注人，关注家庭成员之间的关系。从2022年至今，我们在与绿城深度合作，开展住宅精细化设计研究的整个过程中，一直秉承着这样的理念。下面从三个方面来讲：

第一是对人体操作行为的精细化考虑。提倡关注人在使用空间、操作设备时的细致感受。比如通过对橱柜、设备等的精细化设计，让做饭的人在厨房水池附近不用大范围的身体移动，就能在"一臂范围"内完成各项炊事行为，包括洗、刷、切、拿、放等，开关窗等也都能就近、轻松地完成。

第二是充分利用空间的精细化设计。现在的住宅价格普遍很高，因此无论是空间布局，还是设施设备的细节处理，都要精益求精，不能浪费一分一毫的空间，以实现房屋每一平方米的价值。另外，提倡将设施设备进行"配件化"设计，使其与空间充分融合，增强实用功能。例如，杭州燕语春风项目就通过精细化设计，使设备平台兼顾了储藏间功能，实现了"消极空间变积极空间"，将精细化设计理念落实到了对住户有价值的实处。

第三是采用家电融合的精细化设计。近年来，家居、家电、家装一体化融合成为设计主流。一方面，需要考虑将设施设备融入空间中进行设计，形成诸如阳台家政区这样的融合空间；另一方面，让各类设备功能相互集成，比如洗衣机+烘干机集成、冰箱柜集成、家政柜集成、浴室柜集成等。

绿城：请您就人口结构的变迁、生活模式及家庭构成的多元化，以及当前的社会经济环境和技术进步等因素，谈谈中国未来住宅户型的发展趋势。

周教授：科技的迭代进步飞快地推动着我们奔向美好的生活。如果认同未来是多元化的世界，住宅的灵活性设计就是适应这种变化的关键。我认为未来住宅户型的发展方向可能会有以下几个趋势：一是大户型向更灵活、可变的方向转变，来适应家庭规模缩小和多元化的家庭结构，例如满足多变人口需求的"老少户"或"双钥匙户"。二是人工智能（Artificial Intelligentce，AI）及智能化技术的发展，使家庭生活不再仅围绕起居厅和电视，起居厅的布局必然产生转变；新型智能设备乃至人型机器人会进入家庭，需要为其预留充电和停靠的位置，家具布局要更加灵活，以适应这种变化。三是居家办公和在线学习将成为常态，户型设计需考虑在多个空间，如书房、卧室、起居室甚至阳台中，满足工作学习所需的各种条件。

面对新时代的挑战，中国的住宅设计与研发需适应社会和家庭的多元化变化，满足人们对健康、高品质生活的追求，向更加人性化、精细化的方向发展。相信绿城将抓住这一机遇，打造更懂生活的居住空间，为客户提供高质量的生活体验。

高起点标准化

　　绿城通过多年的发展，已经形成了成熟的标准化产品体系。这一体系不仅提升了项目的周转速度，更是企业优秀基因传承、品质保障的重要基础。绿城坚持创新的"二八法则"即20％的项目做创新产品，80％的项目做标准化产品。通过持续创新和迭代，绿城不断推出高品质的新产品，同时快速落地标准化产品，有效地满足市场需求，提升产品竞争力。

　　2022—2023年，绿城借鉴优秀项目精华，以客户和市场需求为导向，打造了全面的产品标准化实操手册。该手册包含立面、户型、园区大堂、示范区、绿色智慧等模块，覆盖产品开发各关键环节。手册已应用于杭州海棠三子、杭州咏桂里、北京晓风印月等项目，实现了项目快速推进与高品质完成度。

杭州月咏新辰轩立面

海棠盛韵，理想新居

杭州海棠三子，浙江

　　绿城"海棠三子"——月映海棠、燕语海棠、春知海棠，最终落子杭州城北。区域内交通便捷，地铁4号线和10号线交汇，为此地赋予了便利和活力；众多高端TOD商业综合体正在兴建，包括万象城等地标为此地增添了更多的繁华与魅力。项目在拿地之前，就已经完成了从城市界面到景观设计，再到空间户型、产品设计的深度迭代。项目应用标准化立面、标准化户型、"转角世界"等创新成果。在保证产品高质量的前提下，"海棠三子"创下拿地81天开盘的奇迹，更一举创下了"百日百亿"的销售佳绩。

生活街角场景丰富

　　绿城一直以其卓越的设计理念和对人居环境的深度理解，赋予城市新的活力。设计通过对社区与城市关系的重新考量，开启生活街角的全新场景体验。其中，燕语海棠结合园区街角，创造出丰富的邻里交互空间，容纳未来街区生活的更多想象。3个项目更通过泳池、林下空间、归家小院等景观设计，营造轻度假氛围。

项目名称	杭州海棠三子（月映海棠）
项目地点	浙江，杭州
建筑设计	杭州九米建筑设计有限公司
景观设计	杭州拓扑景观设计有限公司
精装设计	浙江绿城联合设计有限公司
总包单位	浙江宝华控股有限公司
用地面积	约6.3万㎡
总建筑面积	约22万㎡
开工时间	2022年06月
竣工时间	在建筹备

月映海棠入口

春知海棠沿街立面效果图

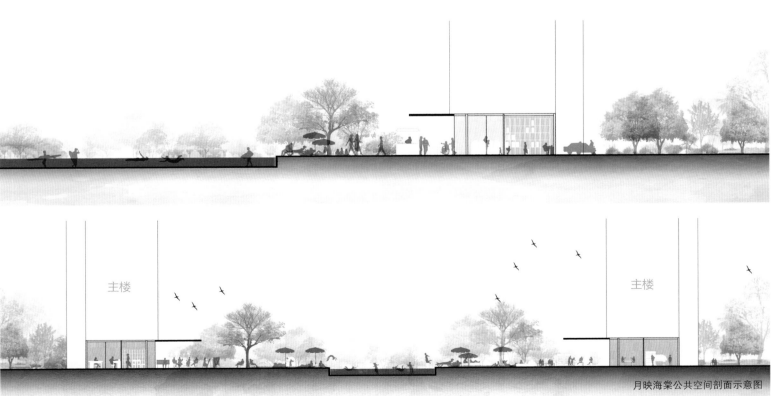

主楼

主楼

月映海棠公共空间剖面示意图

春知海棠苑内庭空间效果图

春知海棠架空层与室外景观效果图

月映海棠建筑立面细节

项目名称	杭州海棠三子（燕语海棠）	项目名称	杭州海棠三子（春知海棠）
项目地点	浙江，杭州	项目地点	浙江，杭州
建筑设计	大象建筑设计有限公司	建筑设计	大象建筑设计有限公司
景观设计	杭州极易景观设计有限公司	景观设计	杭州极易景观设计有限公司
精装设计	浙江绿城联合设计有限公司	精装设计	浙江绿城联合设计有限公司
总包单位	浙江振丰建设有限公司、浙江绿城筑乐美城市发展有限公司	总包单位	浙江耀厦控股集团有限公司
用地面积	约5.6万㎡	用地面积	约4.2万㎡
总建筑面积	约19.8万㎡	总建筑面积	约14.6万㎡
开工时间	2022年05月	开工时间	2022年05月
竣工时间	在建筹备	竣工时间	在建筹备
		荣誉奖项	2022年克而瑞"中国十大品质作品"

立面美学与优雅天际线

在外立面上，"海棠三子"注重立面美学与空间功能的协调统一，以大玻璃面与金属线条带来科技感，简约现代的立面设计为北部新城带来新的时代美学。月映海棠的外立面选用仿石金属饰面一体板，精细的工艺使得饰面呈现出石材晶体般深浅、明暗的变化；燕语海棠通过金属饰面和玻璃门窗系统，形成类幕墙的公建化立面；在春知海棠，北高南低的建筑排布，勾勒出优雅的天际线。

建筑立面

江南绿屿，向新生活

杭州咏桂里，浙江

　　杭州咏桂里位于萧山区建设三路与宁东路交叉口东北侧，地处萧山区核心区域，是萧山区刚需、刚改型板块中的热门项目。项目以其合理的建筑规划和完善的配套设施，得到了市场的广泛认可和购房者的热捧，其建筑规划设计通过应用标准化实操手册，实现了高品质和高效率。

园区体验，健康舒适与尊贵并重

　　规划设计采用绿城经典的中轴对称、点板结合模式，结合园区主次入口形成景观双轴线，再由健康跑道将各个小景串联成环，让全龄段的住户在这里都能找到自己的活动诉求。园区主入口采用近80m宽的大挑檐，增加尊贵感，又通过细密的格栅吊顶，增加细腻感。入园后的对景墙和自然水系作为泳池的前序景观，与外界水景形成鲜明对比，将归家氛围烘托到极致。

现代简约建筑，展现时代风采

　　园区建筑风格简约现代，线条利落十足。建筑采用绿城"Design式"立面，基座石材幕墙，突出三段式的序列，立面线条采用窄框线条，通过层间断线调节立面节奏调，很好地迎合了公建化外立面的审美趋势。主题架空层与室外景观一体化设计，做到室内外相互借景，相映生辉。设计不仅增加了建筑的层次感和立体感，还为住户提供了更加宽敞、明亮的居住空间。

项目名称	杭州咏桂里
项目地点	浙江，杭州
建筑设计	大象建筑设计有限公司
景观设计	杭州拓朴景观设计有限公司
室内设计	浙江绿城联合设计有限公司、万界设计事务所（杭州）有限公司
总包单位	浙江钜元建设集团有限公司、浙江绿城建工集团有限公司
用地面积	约4.8万m²
总建筑面积	约16.3万m²
开工时间	2022年01月
竣工时间	2024年06月

书香镇海，乐享生活

宁波春风晴翠，浙江

宁波春风晴翠位于新材料科技城核心区，东至庙前河沿河绿地，南至永平东路，西至桂平路，北至永昌路。该项目的建筑规划设计采用了"Design式"标准化立面和标准化户型，实现了快速开盘。

园区整体布局遵循古典中轴对称原则，中央设大尺度花园，视线通廊引入庙前河美景。大户型高层住宅围绕花园，东侧沿河布置大户型中高层点楼，确保日照与美景兼得。归家大堂位于中轴南端和西端，增强归家仪式感。

现代设计风格与实用主义的完美融合

建筑立面采用"Design式"风格，保持三段式典雅比例，细节上更现代。设计注重玻璃面与实墙面的虚实对比，简洁利落，细腻有品质。标准化户型面积段涵盖92~130m²多面积段，匹配三房、四房设计，满足各类客户需求。分梯核心筒保障中间套私密性。所有户型均配置6m以上宽景阳台，大面宽浅进深设计确保采光通风，南北通透。

自然共鸣，有爱有趣

宁波春风晴翠的景观设计以"友好共创·无界共享·自然共鸣"的"FUN"理念贯穿项目，与"轻龄FUN一族"形成情感共鸣，打造一个有趣、有爱、有心的世界。景观设置归家心境、活力绿境、自然之境三重境界，打造"一心·两轴·一环"的释放心灵的独特化内核精神社区。

项目名称	宁波春风晴翠
项目地点	浙江，宁波
建筑设计	浙江绿城建筑规划设计管理有限公司
景观设计	杭州朗庭景观设计有限公司
室内设计	浙江绿城联合设计有限公司
总包单位	浙江耀厦控股集团有限公司
用地面积	约5.6万m²
总建筑面积	约18.2万m²
开工时间	2022年3月
竣工时间	2024年6月
荣誉奖项	2022年第十三届园冶杯地产园林方案类银奖

园区入口

月印台州，定标心海

台州晓风印月，浙江

　　台州晓风印月位于椒江区台州大道东侧，一江山大道北侧。该项目定位为高端改善住区，其约21.73万㎡的自然都会大境，展现了一种全新的生活方式和审美情趣。

通透消融，生活美学新体验

　　这座社区的设计以当代极简美学理念为指引，将自然与建筑融为一体，同时也赋予了建筑国际化美感。它打破了传统建筑的均质感，以横竖线条勾勒的虚实对比，营造出一种"通透、消融、变幻"的审美体验。

园区沿街效果图

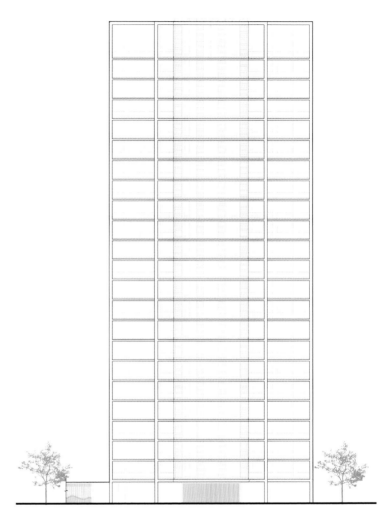

建筑立面

十二水图演绎，精工细节成就品质生活

　　园区的景观风格延续了建筑简洁清新的设计手笔，通过"切一角山水入园，筑一庭雅集入梦，勾一轮弯月入境"着重强调山水格调、弯月入境，响应地方文化与"晓风印月"案名的呼应。同时，设计以马远的《水图》为参考，提取水岸的12种形态，选其岛、堤、洲、滩、潭、礁、涧、渚、泽进行场景演绎，展现山水入园、自然森趣；结合景观设计的主题，提取出景观元素，运用于景观铺装等装饰细节上，从平面和立面上紧扣主题，营造考究、精致、内敛的品质感。

踏入诗意，漫步两环

　　园区景观围绕"两轴"和"两环"进行规划。"两轴"为小区双主入口形象展示空间的礼仪活动轴，分别以"虚谷怀月""松间明月"进行场景设计，强调与建筑入口的结合，共同打造充满礼仪感的酒店式落客点，形成三进式院落空间，营造"三开三进，谓之九间"的传统大家府邸规制，营造尊享归家礼仪形象。"两环"为约850m的漫步悦享环和约260m的荧光活力环。业主可以在小区内慢跑、游走，享受安全惬意的氛围。悦享步道还设置有起跑区、热身活动拉伸区、长度提示区、超越区等人性化空间。

项目名称	台州晓风印月
项目地点	浙江，台州
建筑设计	浙江绿城六和建筑设计有限公司
景观设计	重庆佳联园林景观设计有限公司
室内设计	浙江绿城联合设计有限公司
总包单位	方远建设集团股份有限公司
用地面积	约7.9万㎡
总建筑面积	约21.7万㎡
开工时间	2023年04月
竣工时间	在建筹备

园区沿街立面效果图

绿色家园，美景共生

北京桂语听澜，北京

2022年，绿城进驻台湖板块，推出了北京首座桂语式理想标杆作品，以时代创新视角，为居住者提供高品质的生活空间。北京桂语听澜位于通州区台湖板块，融合了城市繁华与自然静谧的特点，项目的建筑规划设计应用暖色桂语式标准化立面、标准化户型，实现了快速开盘。

园区中轴对称，美学与景观相融

园区规划注重与自然的共生，项目占地约2.21万㎡，建筑面积约4.4万㎡，容积率2.0。项目包括14~15层高的8栋小高层建筑，通过人车分流的设计确保了家人的安全和社区环境的静谧。园区内的美学理念是中轴对称，将建筑与景观相结合，为业主提供更多的景观空间。

建筑之美：经典三段式设计

建筑立面采用经典的三段式设计，立体、挺拔、向上，配以香槟金色点缀，形成大气、高档、丰富的建筑形象。底层采用石材立面，线条内嵌，上层采用暖白色仿石涂料，并配以3层高的双中空Low-E玻璃，营造出舒展的肌理感。整体立面细节精致，从各个角度都能感受到建筑的高颜值。

阳光满溢，舒适人居的理想选择

园区的户型设计均为一梯两户，南北通透，户型方正，保证居住舒适度。约103m²的三居两卫户型和约128m²的四居两卫户型，均采用"三阳开泰"设计，三面朝阳，南向大面宽，充分享受阳光；同时，高效利用空间，兼顾功能与尺度，格局方正大气，户型宽松舒展，拥有超大窗墙比。此外，还有写意飘窗丰富生活场景，双卫设计保证便利性与私密性，以及独立入户玄关保证入户隐私。

项目名称	北京桂语听澜
项目地点	北京
建筑设计	杭州九米建筑设计有限公司
景观设计	重庆佳联园林景观设计有限公司
室内设计	赛拉维室内装饰设计（天津）有限公司
总包单位	中国五冶集团
用地面积	约2.2万㎡
总建筑面积	约6.7万㎡
开工时间	2022年04月
竣工时间	在建筹备
荣誉奖项	2022年全球未来设计奖Global Future Design Awards金奖、2022年世界设计奖WORLD DESIGN AWARDS景观设计一等奖、2022年美国MUSE缪斯设计奖景观设计银奖

人文望京，月印理想

北京晓风印月，北京

北京晓风印月位于东北五环外崔各庄板块，周围环绕着望京商务区、酒仙桥艺术区和公园绿地。园区采用了外部围合、内部方正的规划设计，遵循了中轴对称的美学理念。中轴布置了大花园、入口礼序空间和北侧入口空间，为业主保留了更多的景观空间。项目的建筑规划设计应用诚园式标准化立面、标准化户型，实现了高品质和高效率。

诚园式标准化的经典与恒久

园区建筑立面设计注重精细、安定、恒久的理念，采用了诚园式标准化风格，并强调连贯的横向设计。南立面采用宽大的窗户类幕墙设计，突出了整体的层次感和视觉享受，窗套、层间位置的线条细节也都经过深入推敲和刻画。

营造归家氛围，全年龄段共享

园区的景观主题是一个嵌入城市核心的园中之园。园林采用了"一轴三庭、一环七园"的设计手法。中央景观作为轴线，打造出"三进院"式的景观仪式感，通过晓风庭、疏影庭和映月庭，营造浓厚的归家氛围。园区通过视觉美学的营造，色彩搭配的四季花木，以及全年龄段可共享的社交空间，为居民创造了寓教于乐的沉浸式感受。

标准化户型与立体空间

室内空间采用现代简约暖色调，与建筑立面和景观保持一致。设计注重居住者的生活喜好和审美，提供了精细化的高颜值艺术设计，充足的收纳空间和孩子的成长互通空间。标准化户型的设计理念满足了居住者对舒适、放松的理想空间的向往。

项目名称	北京晓风印月
项目地点	北京
建筑设计	北京上柏建筑设计咨询有限公司
景观设计	浙江蓝城卓时建筑环境设计有限公司
室内设计	赛拉维室内装饰设计（天津）有限公司
总包单位	北京城建一建设发展有限公司
用地面积	约4.1万m²
总建筑面积	约13.9万m²
开工时间	2022年4月
竣工时间	在建筹备
荣誉奖项	2023年美国MUSE缪斯设计奖创意大奖（景观）

建筑立面

传承与探索

　　"诚园式""桂语式"是绿城两个经典的建筑风格。"诚园式"产品以经典三段式立面，如大连诚园、昆明诚园，强调对称与简洁的横向线条，石材材质，色彩温暖，体现"安定、美好、恒久"的精神特质。"桂语式"，如杭州晓风印月，延续了绿城三段式立面，同时玻璃、金属线条更具现代感的表现形式，更契合当代都会理想居家生活。

　　近些年，绿城不断推陈出新，"Design式"立面的诞生，正是对市场需求深刻洞察的成果。2022—2023年间，绿城将"Design式"的设计理念广泛应用于项目之中，如济南春风心语、杭州江上桂语新月里等，以其轻盈的质感和低饱和度的色彩，勾勒出年轻、时尚且充满未来感的建筑轮廓。"Design式"的问世，不仅为绿城的产品式增添了新的活力，更彰显了绿城对现代居住美学的不懈追求与创新精神。

济南春风心语实景

建筑立面

精诚之至，共鸣滨城

大连诚园，辽宁

　　大连诚园位于体育新城板块，紧邻新山东路，邻近地铁2号线延长线，交通便捷，生活配套齐全。项目秉承"以人为本"的设计理念，注重细节，因地制宜，力求为住户打造一个宜居、舒适的生活环境。

规划布局，宜居共融

　　大连诚园分为3个地块，通过合理的道路规划和绿化带设置，实现了人车分流，确保了住区的安静与安全。高层和小高层住宅错落有致，空间秩序清晰，尺度宜人。公租房独立管理，方便住户生活。

传承经典，品质生活

　　建筑立面设计采用现代风格，具有绿城二代高层的典型特质，舒展的横线条配以超大的玻璃窗，中间镶嵌灰色的铝板或涂料墙面，将立面的体量和线条通过现代的手法抽象和简化，呈现出时尚而大方的外观。暖色系的材料搭配和精细的交接处理，既有效地体现了现代建筑的简洁时尚，又充分保证了建筑的品质感。园区设计注重功能性与美观性的结合。迎宾入户大堂、迎宾落客区、入户门廊等设计，让归家成为一种仪式感。独特的"三轴·两环·多花园"设计，将社交、运动、颐养、童玩等多功能融入园区，为住户提供丰富的共享空间。

项目名称	大连诚园
项目地点	辽宁，大连
建筑设计	大象设计有限公司
景观设计	杭州极易景观设计咨询有限公司
精装设计	上海发现建筑装饰设计工程有限公司
总包单位	大连三川建设集团有限公司
用地面积	约8.3万㎡
总建筑面积	约22.4万㎡
开工时间	2019年07月
竣工时间	2022年10月（D区）
荣誉奖项	2022年法国双面神GPDP国际设计大奖专业奖、2023年美国MUSE缪斯设计奖金奖

永春之境，因诚而美

昆明诚园，云南

在春城昆明，一个名为"永春"的美好愿景正被精心塑造。昆明诚园不仅沿袭了绿城诚园式的新古典主义风格立面，更在实用性、审美性等方面进行了精心的考量。项目还大面积使用了宝蓝色玻璃和横向伸展的线条，使得建筑整体显得挺拔、轻盈、有层次，完美演绎着绿城的"安定、精致、恒久"。

回家的仪式感与精神享受

园区景观精心规划了业主的归家动线和生活空间，呈现出"两轴、一环、一心、五园、八景"的空间结构。项目采用中轴对称手法，结合城市界面和酒店式景观，强化了回家的仪式感。园区大门气派尊贵，结合场地高差采用大规格台阶板悬浮设计，融入祥瑞寓意。归家景观节奏随空间递进而变化，绿茵庭、抬高花池、香樟、樱花等元素共同营造幽远意境。

共享空间满足全龄化需求的生活乐园

为了营造更舒适的居住体验，项目以主次入口为两轴，以中央泳池为核心，健身环道为脉络，串联差异化功能主题架空层、园林景观，打造社交、运动、颐养、童玩等多维度、多人群的园区共享空间，满足不同年龄层、不同生活喜好的业主们的诉求。

项目名称	昆明诚园
项目地点	云南，昆明
建筑设计	浙江绿创新拓建筑规划设计有限公司
景观设计	成都海外贝林景观设计有限公司
精装设计	杭州大诠建筑装饰设计有限公司
总包单位	重庆渝发建设有限公司
用地面积	约3.1万m²
总建筑面积	约13万m²
开工时间	2020年04月
竣工时间	2022年06月
荣誉奖项	云南省2021年度省级"安全生产标准化工地""质量管理标准化示范项目"

整体鸟瞰

流光印月，自在晓风

杭州晓风印月，浙江

　　杭州晓风印月坐落于滨江区的心脏地带，临近地铁1号线滨河路站以及地铁6号线江陵站，出行便捷无忧，而周边的商业中心，如龙湖天街等，为住户带来无比便利的生活体验。在这里，住户可以享受到城市生活的便捷与舒适，同时感受家的温馨和宁静。

经典传承，尊享智能生活

　　作为桂语式标准化产品，园区立面传承绿城经典三段式建筑语言，铝板金属质感的立面与灰色的玻璃相映成趣，两幢约139m超高层建筑置于园区对称中轴上，重塑了国际滨的住宅天际线。主力户型面积为217~255m^2，全屋配有的除霾新风系统、净水系统，以及中央空调、智能门锁、入户挂钩等标准配设，无一不践行着绿城的"产品主义"。

园区整体鸟瞰

儿童活动区

架空层空间

项目名称	杭州晓风印月
项目地点	浙江，杭州
建筑设计	大象建筑设计有限公司
景观设计	上海朗道景观规划设计有限公司
精装设计	浙江中南建设集团有限公司
总包单位	浙江振丰建设有限公司
用地面积	约5.3万m²
总建筑面积	约21.5万m²
开工时间	2018年12月
竣工时间	2021年12月
荣誉奖项	2019年全球建筑设计大奖、第十届园治杯地产园林示范区类金奖、第四届REARD全球地产设计大奖居住类景观金奖、第二届园匠杯地产景观大奖年度优秀地产示范区景观奖银奖

时尚绿意，共筑家园梦想

园区景观以现代风格为主，以"时尚、绿色、游园"为核心，营造"公园里的家"。浅色系度假泳池的设计灵感源自米凯尔·拉里昂诺夫的《蓝色辐射主义》，通过辐射线交错重叠，形成动感空间。儿童活动区捕捉小孩子们喜欢攀爬游戏的天性，采用蓝色系立体几何空间，以"山丘"为主题，通过地形的塑造，打造童之丘乐园。作为杭州罕见的全风雨连廊住宅项目，区内可风雨无阻直达10幢住宅楼。长约470m的风雨连廊巧妙串联泳池、儿童活力空间、青年聚会、老年健身康体及中轴空间五大功能区，提供景观与人的互动机会。廊架由三角形切割拼接，穿过草坪，呈现不同视野与风景，家长们坐在廊下的坐凳上便可看护到游戏的孩子。

泉城榜漾，活力住区
济南春风心语，山东

　　济南春风心语位于历城区张马板块，占地面积约6.4万m²，是一个专为年轻人打造的社区。这里的生活美学馆和样板间结合IP哈咘形象，成为泉城新晋的"网红"打卡地。园区空间融入手办、电玩等时尚元素，极富吸引力。

"Design式"，设计与品质融合
　　园区内规划了13栋建筑面积96~130m²的高品质住宅，营造舒适亲近的活力社区空间。建筑设计承袭"Design式"一体化集成立面，打造至简、通透建筑美学空间，迭代新东站片区人居标准。春风心语给予年轻人的，既有绿城在社区设计上特有的品质感，还有前沿实用的户型设计。

森林之家，艺术交织的社区
　　借助3000m²城市绿廊贯穿项目的优势，园林景观巧妙引入公园理念，以"森林公园里的家"为设计主题打造生活场景。景观设计结合IP形象及场

项目名称	济南春风心语
项目地点	山东，济南
建筑设计	大象建筑设计有限公司
景观设计	广州邦景园林绿化设计有限公司
精装设计	上海翰敦建筑装饰设计工程有限公司
总包单位	大连三川建设集团有限公司
用地面积	约6.4万m²
总建筑面积	约15.1万m²
开工时间	2022年02月
竣工时间	在建筹备
荣誉奖项	2022年美国MUSE缪斯设计奖金奖（样板间精装修）

园区景观

园区入口

标准的力量——有规矩的开阔，有保障的品质 / 传承与探索

样板间室内

样板间室内

园区入口商业

地特征，将以哈咘熊为主人公的星光奇旅记贯穿其中。在有限的场地空间内，以艺术感较强的景观轴线交织，链接社交、运动、儿童、植物认知、主题商业街区、潮酷绿轴公园，打造无限交融社区，共享场地资源。

精致生活，从LDKB设计理念开始

　园区户型创新落地了LDKB设计理念，其中两款主力户型戳中了不少年轻客户的心。99m²样板间是为年轻人量身定制的LDKB一体化户型，客餐厨联动阳台形成连贯空间场景，开放式厨房与玄关相连，U形厨房动线流畅，收纳空间充足。玄关收纳柜与幻彩树脂玻璃形成碰撞，可以用于展示手办、杯子。电视墙收纳柜可切换为投影背景墙，烘托幸福感。书房与客厅巧妙联通，让视觉更显通透有趣。112m²样板间同样为LDKB一体化布局，将厨房打开，与餐厅、客厅、阳台连成一体，形成多功能空间。客厅、餐厅、厨房以大地色系为主色调，开放式厨房成为美食聚集地。灯光膜天花和通透玻璃展示收纳柜为餐厅、厨房增添精致生活滤镜。客厅电视墙背后藏有收纳空间，连着的阳台可开辟为景观工作台。

步移景易，年轻活力

江上桂语新月里，浙江

江上桂语新月里位于杭州市富阳区，地理位置优越，交通便利，项目周边配套丰富成熟，包括商业中心、医院和教育资源。

繁华交汇处的共享生活

园区规划采用中轴对称模式，中心花园最大化，保证了入园的仪式感和使用时的游园体验；业态丰富多样，包括不同类型的房屋和幼儿园，满足不同居民的需求。

从外到内，园区形成了三重渐进式归家礼序：入口通透大气，尊崇大宅品质。园区还采用了全架空设计，提供了丰富的园区共享空间，并与室外景观一体化设计，形成互通互融的效果。这种设计理念打造了社交、运动、童趣和康养的多空间多维度共享生活。对景景观通过影墙、轴心景致、雕塑、泳池等优雅的风景元素，打破风景的单调，呈现移步易景、四季变化的美好归家情趣。

建筑美学与功能的完美结合

建筑外立面采用"Design式"立面风格，非对称的设计丰富了形态，更加契合当代人审美。仿石线条框架与玻璃面形成虚实对比，让建筑在兼具绿城一贯的高颜值外，更显年轻活力。

项目名称 　江上桂语新月里
项目地点 　浙江，杭州
建筑设计 　浙江绿城六和建筑设计有限公司
景观设计 　杭州朗庭景观设计有限公司
室内设计 　浙江绿城联合设计有限公司、维几室内设计
　　　　　（上海）有限公司、西盛建筑设计（上海）
　　　　　事务所
总包单位 　浙江钜元建设集团有限公司
用地面积 　约6万 m²
总建筑面积 约21.6万 m²
开工时间 　2021年05月
竣工时间 　2023年09月

园区全貌

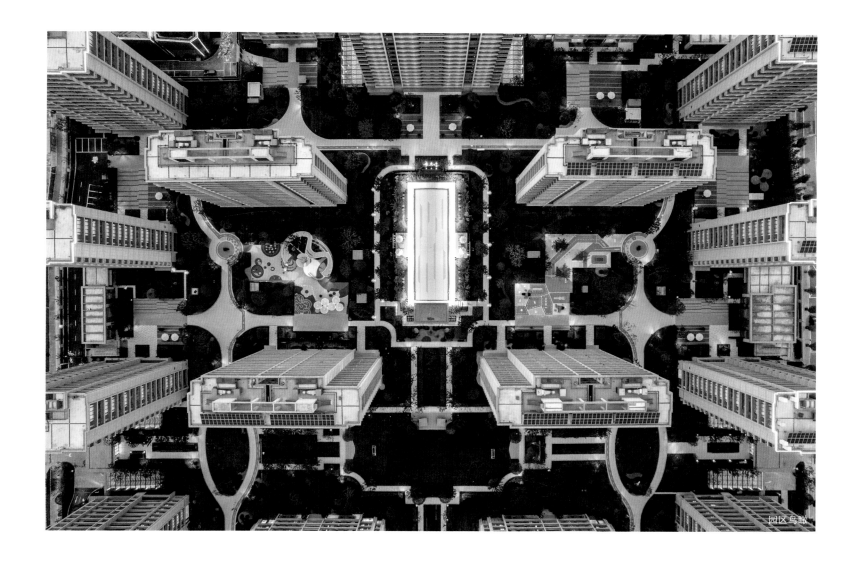
园区鸟瞰

自然和谐，鸟鸣家园

宁波春语云树，浙江

宁波春语云树紧邻浙江省最大的城市绿肺——宁波植物园，交通便捷。

城市中的自然和谐家园

园区由4幢小高层和25幢高层组成，形成高低错落的建筑群，保证了居住的舒适度。在景观营造方面，设计以共鸣公园的设计理念为指导，打造出"两轴·三环·四园"的景观布局。"两轴"即南北两大轴线，构成整体景观骨架，东西轴线则与之呼应。"三环"即园区四周，有社交活力圈、健康运动圈、自然生态圈三大主题空间，为业主提供了丰富多彩的活动场所。"四园"包括植物认知、四季花园、雨水花园和草丘花园等主题空间，让业主与自然亲密接触。结合景观组团和泳池水系，让园区活动空间更加丰富多样。

石材与玻璃的和谐交响

立面采用了简洁现代的风格，造型时尚且立面形态规整有序。局部石材干挂和大面玻璃的运用，为建筑增添了高级典雅的质感。仿石涂料的色彩选择也显得十分考究，为整个小区增添了一份典雅与温馨。

项目名称	宁波春语云树
项目地点	浙江，宁波
建筑设计	杭州九米建筑设计有限公司
景观设计	上海绿城爱境景观规划设计有限公司
室内设计	浙江绿城联合设计有限公司
总包单位	总包浙江振丰建设有限公司、宁波建工工程集团有限公司、浙江荣呈建设集团有限公司
用地面积	约10.8万m²
总建筑面积	约21万m²
开工时间	2021年02月
竣工时间	2023年05月
荣誉奖项	2024年园冶杯设计奖住区景观大区类银奖、绿城中国产品管理中心优秀室内设计奖（售楼部设计）

代建的力量

有价值的服务，有确幸的美好

"第一"的担当，独有的确幸

—— 王俊峰，绿管集团执行董事、行政总裁

在房地产深度调整的行业背景下，代建凭借轻资产、抗周期特质走到聚光灯下。

2022年，中国代建行业整体新拓首次突破1亿m²。截至目前，已有近100家品牌房企宣布布局代建业务。

作为"中国代建第一股"的绿城管理，始终发挥行业先行者、引领者的作用，在代建行业发展和推动房地产向新模式转型的进程中，承担着重要使命。

从2005年首次介入杭州市江干区城中村改造，到2010年组建绿城房产建设管理有限公司；从2020年"中国代建第一股"在香港联交所主板成功上市，到2023年众多代建企业齐聚杭州，在中房协和绿城管理的联合发起下，共同成立中国房地产业协会代建分会，绿城管理作为绿城"轻重并举"战略的重要组成部分，一路走来，掷地有声。

2023年，在共同富裕和"保交楼"大政方针指引下，绿城管理持续完善"3+3业务模式"，持续夯实政府代建的业务底仓地位，完善与政府、国央企、地方城投、金融机构的业务结构，深度介入各类不良纾困业务。截至2023年12月31日，绿城管理已在全国122座城市布局超500个项目，合约总建筑面积达1.196亿m²，以连续8年超20%的市场占有率，稳居代建龙头地位。

品质立身，是绿城管理一直坚守的底层逻辑。沿袭绿城精致完美的企业文化，自成立之初，工匠精神便已写入绿城管理的DNA。在多年不断地积累经验和对代建行业特质的独特研判下，绿城管理推出六大代建产品序列，用绿城标准化、多层次的产品体系，为绿城M品牌赋能；用绿城的精工匠心、精致完美，向业主交付确幸生活，为委托方创造卓越价值。

基于代建业务更广阔的地域、更多元的业主群体，以及不同委托方的定制化需求，绿城管理在业务开展过程中持续进行产品创新，形成了"三大品类、七大风格、一个社区底盘"的创新成果，并提炼出"代建4.0"柔性代建体系的宏观指导思想和"绿星标准"的体系化范本，将创新产品标准化，达到可被应用、易于复制、便于推广的效果；在"确幸社区"体系下，绿城管理提出"有生命的建筑"，深读客户、精研生活，通过规划、建筑、景观、精装修等方面的创造和精进，丰富业主园区生活；在连续举办12季工地开放日的基础上，凝炼出"确幸工坊"，以7大主题工坊、32个确幸空间，标准化、系统化明确项目展示规范及视觉体系。

品质至上，是绿城管理不变的初心；责任担当，是绿城管理执着的坚守。展望未来，绿城管理将继续以"共建激动人心的品质生活"为使命，在代建行业蓬勃发展的当下，以更高的站位，在更多的维度去践行责任使命，以自身探索为震荡的行业注入确幸底色，在构建房地产新发展模式过程中，发挥更加重大的作用。

产品创新：彰显价值魅力

　　绿城管理承接了绿城产品的优秀基因，结合属地性及项目自身多元化需求进行创新。

　　绿管的产品创新分为类型创新、风格创新、模块创新。结合公司业务，在类型上重新划分为六大业态，使原产品谱系更适配代建业务的开发；结合属地性，对立面、景观及精装风格进行满足当地审美喜好的创新延伸；而产品更是结合未来社区、年轻化社区、适老性住宅等，进行了园区底盘、归家动线等模块的创新，充分体现了代建板块缤纷多彩的产品研发能力。

石家庄绿城·御河上院实景

邻水而居，大奢至简
石家庄绿城·御河上院，河北

石家庄绿城·御河上院位于正定县河北大道，城东街西侧，南临滹沱河。设计对城市进行了文脉解读和传统元素提炼，选取绿城经典三段式布局的同时，采用灰墙墨瓦打造新中式四层低密产品，使其既在屋顶、比例、材质、细部等方面与古城建筑有所延续，又与不远处的正定新城有所对话。

青瓦窗棱，肇始新中低密美学

项目在建筑设计中对中国古建及正定古城的传统元素进行传承及当代演绎，从内在气质上延续正定古城文化气质，同时重新定义"新东方文化"，打破传统格局，结合现代手法展现东方独特魅力。本着"大奢至简"原则，师古而不泥古，外立面延续台基、屋身、屋顶三段式的建筑手法，强调对称、富于仪式感的空间布局。外立面颜色以灰白色为主色调，体现出历史沉淀的人文气息。一层为灰白石材，二层以上为灰色仿古面砖，屋面采用高级陶土瓦，同时以绛红色窗框、仿古花板等细节，向历史致敬。整体设计凸显新中式的风格特色，彰显正定古城风貌与现代经典艺术。

项目名称	石家庄绿城·御河上院
项目地点	河北，石家庄
建筑设计	绿城六和建筑设计有限公司
景观设计	苏州园林发展股份有限公司
精装设计	浙江绿城联合设计有限公司、浙江蓝城联合装饰设计有限公司
总包单位	河北新亚建设集团有限公司
用地面积	约8.31万m²
总建筑面积	约16.2万m²
开工时间	2019年04月
竣工时间	2022年03月

中心景观

建筑立面细部

　代建的力量——有价值的服务，有确幸的美好　/　**产品创新：彰显价值魅力**

样板间庭院景观

园区景观

师仿古今，承袭恭王府邸礼制

　　景观以绿城的精工理念，营造出河岸中式园林，风格上保持沉稳内敛的低调纯粹，但仪式感又无处不在。空间布局师仿恭王府礼制，以中轴对称手法，结合"山、林、水、石"宅院式造园技艺，形成了三进归院、五进归家之境，重"礼"、重"序"、重"仪"，强调层层礼序，步步进阶。一进门，以威严仪式感中式大门彰显礼序感；二进庭，树苑影壁结合折桥水景层层递进；三进园，创造中心园林山水之魂，岸边山石堆叠，雅致天然；四进巷，曲径通幽，目之所及绿荫遍地，宁静深远；五进院，花木扶疏，简练疏朗，私密入户。结合"天人合一"的人居理想，彰显与自然共生的雅致礼序，诠释新中式王府园林典范。

奢阔尺度，营造河畔舒适宽境

　　四层洋房产品户型面积约172~260m^2，联排产品户型面积约502~686m^2，精准捕捉客户敏感点，营造纯粹的新中式生活空间。户型方正，布局合理，奢而有道，餐客一体设计连接南向景观阳台，近60m^{2}阔绰空间轩朗舒适，营造出大宅的空间体验，容纳多种生活可能性。大道至简，空间采用"减法"智慧：极简的空间构述却极具张力，对户型居室数量大胆做"减法"，化四为二，仅保留两个居室，其他空间还给生活，得到更舒适的尊崇尺度体验。包容万象，生活采用"加法"哲学：精简了空间的同时，放大了功能，客厅、茶室、阳台间的渗透共融，独特1+1+1＞3功能布局设计，让空间更具尺度感，为生活创设更多可能。

春风无界，燕语无价

绿城·海口桃李春风燕语里，海南

燕语里组团位于海口桃李春风核心区域。项目继10栋传统中式风格的创新空墅面世后，又研发了现代度假洋房，旨在诠释舒适而自然的度假生活理念，为业主提供新的生活场景。

模糊内外界限的度假产品

园区入口大堂采用开放式的归家大堂，融入海南特有的建筑特色。现代化的立面设计模糊了建筑与自然的界限，将海岛的休闲度假特色与都市高品质生活自然结合。户型设计将墅级的庭院空间引入住宅——或横向布置，一边与客餐厅无界互通，另一边连接大自然；或竖向布置，南北通透，打造先入院后归家的独特体验；面积40~50m²的宽敞庭院，提供多种生活的可能性，为休闲度假打开了新视野。

融入生活的多重休闲景观

项目将内外景观多样化渗透、融合，打破传统空间界限，营造丰富的活动场所，形成建筑景观一体化的效果。将庭院打造成半景观半功能的性质，感受沉浸式的森居体验，展现出诗意栖居的理想生活。

度假文化的现代手法体现

室内设计从自然中汲取灵感，将度假体验与当地文化相融合，把"森居理念"注入日常生活，通过花艺种植及户外主题场景的营造，将人带进自然，将自然带进室内。LDKG一体化设计，通过社交化餐厨空间的设计，提高居住体验，充分体现度假产品的轻松氛围；在材料应用方面，遵循自然之道，以严谨的施工技艺从细节上提升空间品质感。

项目名称　绿城·海口桃李春风燕语里
项目地点　海南，海口
建筑设计　杭州均正建筑设计有限公司
景观设计　苏州明境景观设计有限公司
精装设计　浙江中合泓美装饰设计有限公司
总包单位　中天建设集团有限公司、海南第四建设工程有限公司
用地面积　约8.5万m²
总建筑面积　约13.1万m²
开工时间　2022年04月
竣工时间　在建筹备

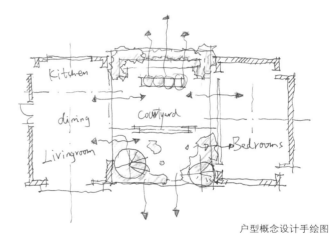

户型概念设计手绘图

样板间室内空间

样板间室内空间

从庭院看组团入口

未来之境，顶级之宅
绿城·西安清水湾，陕西

    绿城·西安清水湾位于长安公园核心位置。项目希望通过未来主义的设计语汇，以酒店化生活方式，打造国际主流顶级豪宅。总体规划叠加了公园的生态与土地肌理，使建筑有生命地扎根，做到户户看公园、望南山、览庭院。

园区景观

项目名称	绿城·西安清水湾
项目地点	陕西，西安
概念规划	WATG
立面优化	蒂优建筑设计咨询（北京）有限公司
景观设计	浙江伍道泰格建筑景观设计有限公司
精装设计	CCD郑中设计事务所
总包单位	中科鸿业科技集团有限公司
用地面积	约7.6万m²
总建筑面积	约18.3万m²
开工时间	2022年06月
竣工时间	在建筹备
荣誉奖项	GHDA 环球人居设计大奖2022—2023年度优秀奖、法国Novum Design Awards大奖2023年金奖、第八届REARD全球地产设计大奖评审会荣誉奖

建筑立面

从露台远眺园区周边

新立面美学，沉稳又时尚

立面借鉴中国传统抬梁式结构，由展开的斜切面巨柱、升起的露台和阳台，形成了正中紧实、外延舒缓的五重檐抬梁体系，宛若层层羽翼腾空而起。金属板、大挑檐及大斜面的融合，表达了几何美学、折线艺术。全景落地玻璃强调空间通透、贴近自然，诠释国际化豪宅特征。

以山水之境，造无界之园

景观以超现代折线艺术线条及极具未来感的风格与建筑体块呼应，无界交融长安公园，并淬炼精神归于自然山水的生活境界。设计因地制宜，结合长安公园的自然肌理与原有高差，以"云锦石—叠瀑谷—侣白石—清水亭—安淡泊—渡怡然—溯溪行"的景观结构层层递进。景观取意齐白石《蛙声十里出山泉》画境，强调"无界之园"的主题空间，打破边界。通过借景与融景环境中的光、湖、草、林、山，消融内与外、建筑与景观、生活与自然。

设计融汇不同的自然体验和自然要素，通过七层景观秩序，将近石、水潭、山谷、急流、山路等元素叠加在景观中，营造不同场地情绪，开启自然生活的艺术画卷。

耸立于下沉庭院中，高达约17m的白石，参照自然并以现代设计语汇提炼国画中的淡雅山水，塑造寄托精神与情怀的艺术山水园。由线至面、从面到体，由姿态至意境，布局与建构增强了空间的领域感，结构形式本身也成为有力的立面语言。令构筑物与景观一体化，贯彻结构的逻辑和力学之美。

以成品奢装，造生活格调

室内以"五星级酒店室内顶奢配置"打造顶级豪宅居所。7m挑高、270°视野、约400m²豪阔宴会厅，标配双层院落、私属电梯等，让每一寸空间都融入生活。尊贵的金属屏风、仪式感极强的独立玄关、不同材质的组合运用，营造出不同空间或温馨、或私密的氛围。

独树一帜，宋风院墅

温州绿城·六和院，浙江

　　项目作为绿城在温州首个纯合院墅区，以简约典雅的宋式建筑作为骨架，用现代手法诠释古典园林景观的情致，营造出浓郁的国风雅宋美学，以宋风合院打造贵隐东方人居。

独树一帜的宋风建筑

　　项目匠心打造了独具特色的宋代建筑风格。建筑形体简洁大气，提取传统建筑色彩要素，体现清雅、沉稳的气质，立面融入了宋代建筑形制，檐口的挂落采用了夹绢玻璃，嵌入《千里江山图》，突显文化韵味。立面采用高端石材搭配大面积玻璃及金属格栅，以现代的工艺手法演绎了传统中式建筑的韵味。

项目名称	温州绿城·六和院
项目地点	浙江，温州
建筑设计	上海帝奥建筑设计有限公司、浙江嘉华建筑设计研究院有限公司、杭州绿管新原建筑设计事务所有限公司
景观设计	上海帝奥景观工程设计有限公司
精装设计	浙江鲲誉装饰设计有限公司
总包单位	温州旭晟建设有限公司
用地面积	约4.1万m²
总建筑面积	约8.2万m²
开工时间	2023年04月
竣工时间	在建筹备
荣誉奖项	2023年美国MUSE缪斯设计奖铂金奖

中心庭院

地下会所

景观亭

移步易景的东方园林

　　景观设计以宋代文化为根脉，取法传世宋画《千里江山图》的五大场景，构筑五韵组团。以"树、石、瀑、廊、亭"的层叠布局，再现疏朗、雅致的宋式园林意境；以"山、水、花、木"之形胜，打造11处如画雅境，呈现"一脉·五韵·十一境"的宋风园林。同时，融入独特的七进华堂归家动线，真正做到了礼仪归家、移步异景。

创领温州的合院范本

　　匠心打造的2000m²缦式生活会馆，以宋代八雅事布局主线，在设计逻辑中将"宋雅物道，禅宗至简"的意境嵌入空间内，并融入现代人的休闲娱乐需求，营造室内泳池、健身房、红酒品鉴区、德州扑克区等功能配套区，定制了独特的十大雅奢场景，打造沉浸式体验空间，让空间表达回归客户需求，引起情感共鸣。

确幸体系：发觉身边美好

　　绿城管理的"M确幸社区"理念由生命、生活、生长三大体系构成，以打造绿管独有的社区体系。

　　生命，是有生命的建筑。阐述对建筑标准、产品品质的把控。

　　生活，是有品质的生活。强调共建共享全季全龄、多元适配的品质生活。

　　生长，是有价值的生长。嫁接绿管体系内外资源并协同五维人群，构建开放共融的平台，让美好持续生长。

　　据此，绿管打造确幸社区园区底盘设计手册，形成"建筑—景观—精装"三维一体的全维度社区体系，共同构筑理想的"确幸M-LIFE"社区生活场景。

绿城·版纳春江明月实景

雨林配套，确幸度假

绿城·版纳春江明月，云南

绿城·版纳春江明月作为绿城在西双版纳的首个项目，有别于绿城传统的建筑风格。设计运用现代的手法结合当地传统的建筑语汇进行了一次创新风格的尝试，并从生活方式和精神层面，为业主打造"确幸M-LIFE"社区，提供量身定制的24小时无界度假社区，让每一位业主在确幸社区中都能寻回归属感、幸福感。

复原原生雨林景观

项目致力于做生活空间的营造者，在规划和营造理念上突破传统地产的藩篱，力求把更多的地面空间让渡给居住者。户外的"至美"空间，架空层的"至雅"空间，下沉的"至臻"空间，三大空间完美构成"确幸M-LIFE"社区的无界度假生活配套，让度假回归社区生活。

从场地设计的角度出发，利用良好的自然环境，结合当地独特的人文风情，以"建筑生长在花园"的理念，通过山、林、花、雀、田、编、节、兰八大版纳特色元素，延续中国传统的"外紧内松"的居住哲学，从而让景观共享最大化。

二进院落礼序空间，纵深递进的布局发展，顺应地形特点，水景取以水为财的寓意，结合了乔木、灌木、花卉、草坪、火山岩的景观布局，打造

项目名称	绿城·版纳春江明月
项目地点	云南，西双版纳
建筑设计	杭州均正建筑设计有限公司
景观设计	杭州绿城坤一景观设计咨询有限公司、上海相如景观设计咨询有限公司
精装设计	深州市盘石室内设计有限公司、浙江绿城联合设计有限公司
总包单位	中建二局第三建筑工程有限公司
用地面积	约7.2万m²
总建筑面积	约22.2万m²
开工时间	2019年10月
竣工时间	在建筹备
荣誉奖项	GHDA环球人居设计大奖2020—2021年度银奖

景观廊亭公共空间

主题架空层空间

精致、独特且有层次感的景观风貌。园区通过探索不同年龄阶段业主的生活需求，开拓出社区家庭活动场地、亲子陪伴、共融空间等功能空间，将园区生活的小确幸铺满每一个角落。同时结合当地气候，尽可能让景观打造与室内精装融合，让业主有更多的时间享受户外生活，更贴近大自然，突显当地的度假特色。

缔造无界社交空间

项目拟打造充满关怀的人性化家园，始终以社群的力量营造美好，探索关于"确幸生活"的美好奥义。通过社区丰富的生活图景，让度假成为生活日常，并形成多重空间层次的交互感受，构成沉浸式"确幸M-LIFE"旅居生活。

二进制的院落礼序，通过落客大厅经会所大堂可到达下沉广场，下沉广场设置泳池配套、报告厅、无人便利店、园区食堂等功能空间，让客户体验更多场景下的不同生活方式，营造N重美好场景。

架空层设置了40余项园区功能活动空间，包括健身房、舞蹈室、瑜伽室、图书馆、书画室、茶室、儿童游乐区等，全维照顾了每个年龄段业主的社交旅居需求，以多元的配套功能丰富业主的生活，让业主时刻有度假的轻松和愉悦。

在住宅室内，精装设计从功能和情求两大需求出发，不仅关注"居住者居住行为"，也重视"旅居生活空间"，探寻品质、精致的旅居真谛。

三进院落景观亭

全维示范，确幸立现

桐乡和园，浙江

桐乡和园的全维实景示范区，以沉浸式的归家体验，让绿管的产品力以所见即所得的方式得以展示。整个项目基于绿城管理确幸社区体系，以园区景观和架空层空间为载体，从客户的生活视角出发，打造全龄化、场景化的确幸社区空间，引领桐乡未来生活模式。项目在设计前端积极落地"确幸M-LIFE"社区模块，将其充分融入整个项目，共计植入28个精装修模块和16个景观模块，丰富业主未来生活体验。

内外交融景观模块

与邻同乐，美好共享，项目极注重社区活动空间的打造。通过景观体系化的梳理，打造了"一条滨水连廊+四重园"的空间序列，通过空间递进实现园区内外交融。环氧跑道、礼仪门庭、林下迎宾、童玩天地、元气健身、无界剧场等景观空间，承载了邻里的友好社交，感受全龄段社区生活的美好，赋予生活更多的温暖和力量。

项目名称	桐乡和园
项目地点	浙江，桐乡
建筑设计	杭州均正建筑设计有限公司
景观设计	上海槿色园林景观设计事务所（有限合伙）
精装设计	杭州淇岸室内设计有限公司、万界设计事务所（杭州）有限公司
总包单位	亚都建设集团有限公司
用地面积	约4.2万m²
总建筑面积	约15.9万m²
开工时间	2022年10月
竣工时间	在建筹备

二进院落鸟瞰

景观细部

全龄段主题架空层

精装修主题架空层包括认知天地、运动天地、体测天地、棋牌休闲吧、友邻客厅等多重功能，作为社区的"第二会客厅"，为业主提供多重社交空间，打造全时全季全龄全感官多维活力体验空间。

确幸生活提前展示

全维示范区实景呈现了二进院、林下空间、元气健身、影音天地等多个模块，提前让客户感受未来美好生活的各大场景。示范区还展示了确幸工坊，让客户在看到面子的同时，也看到里子，充分体现了绿管产品的确幸力。

内外交融，确幸与共

海宁城投绿城·水月云庐，浙江

海宁城投绿城·水月云庐根植于主城核芯鹃湖的沃土之上。项目设计强调建筑立面与空间一体化设计，并将现代秩序与经典气质在立面上进行融合式的微创新。"石材+铝板"及玻璃材质的搭配，完成光影与线条的艺术对话，使整个园区具有轻盈飘逸之美。

现代东方森系体验

项目旨在打造新时代"潮浪心居，森谧都市"互动式景观体验。从主轴"踏浪而行"的观景体验，到"返璞归真"的入户感受，使业主沉浸在放松自然的园区环境中。

项目名称	海宁城投绿城·水月云庐
项目地点	浙江，海宁
建筑设计	浙江绿城都会建筑规划设计有限公司、上海翰联建筑设计有限公司
景观设计	杭州绿禾园林景观设计有限公司
精装设计	绿城联合设计有限公司
总包单位	浙江华信建设有限公司
用地面积	约2.8万m²
总建筑面积	约7万m²
开工时间	2020年11月
竣工时间	2022年11月

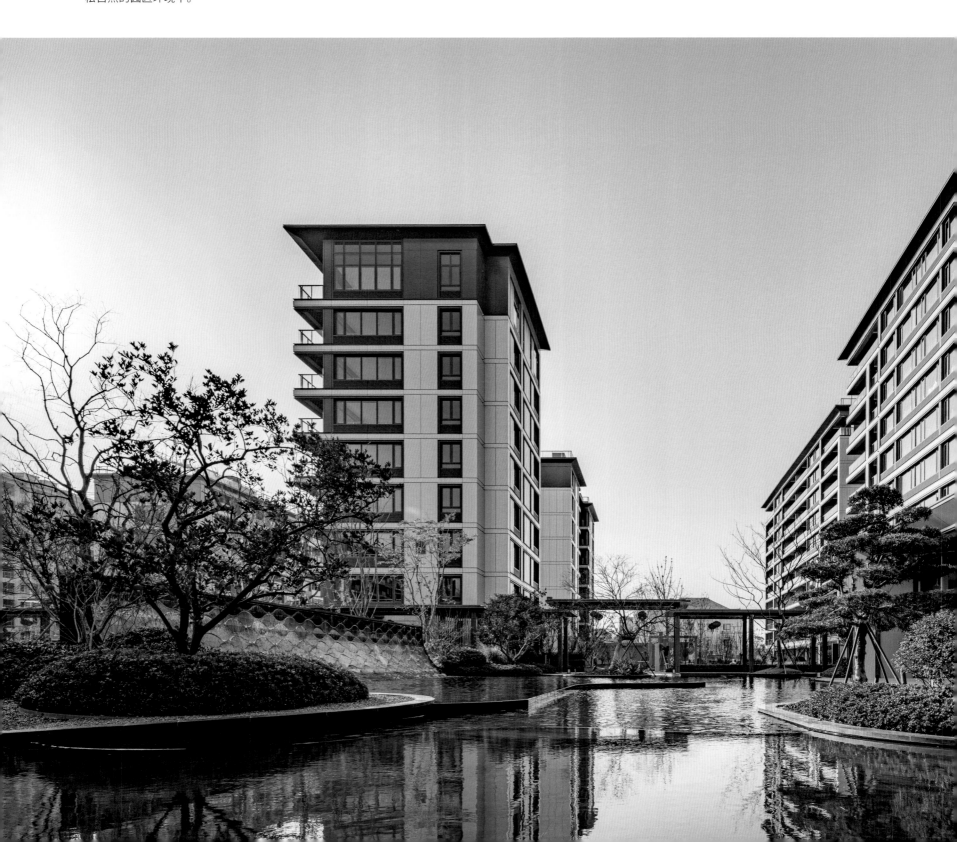

公共景观空间

主题架空层空间

园区水景与建筑立面

　　项目以"一馆、二境、三院、五园"为功能分区,将园区动、静功能合理分布,通过一条贯穿南北的水系中轴线,层层递进,并将"确幸M-LIFE"生活场景植入,打造尊享归家体验。

　　在各组团空间中,融入相应的"确幸M-LIFE"主题模块,如以"归心"为主题的多功能户外无界社交剧场、光影交织的林下休憩场所等,全龄段皆可共享美好确幸生活。

轻奢确幸生活打造

　　项目架空层层高为4.2m,4个主题架空层设置了相应配套设施,其中花艺空间通过"花艺"体现自然与人以及环境的完美结合,强调归家的尊贵感和绿化的渗透性。另外,还设置了由玻璃围合的共享书吧,为业主提供了阅读、写作的空间。

　　在长者品茗区,水磨石与木饰面的结合形成了静谧的空间氛围,可会客品茶、对弈下棋。而儿童活动天地,则设置了体测天地、艺术跑道、跳格子区域,同时配备了秋千、跷跷板等玩乐设施,为孩子创造美好的童年回忆。

社会责任：城市建设担当

    18年前，绿城率行业之先，开启了由地方政府主导、专业房地产开发商参与政府代建的先河。18年来，绿城始终积极携手地方政府，推动高质量城市发展。

    除传统保障安置房外，绿城管理政府代建亦积极向城市服务领域纵深发展，代建产业园区、总部基地，以及学校、医院、博物馆、高铁站等公共基础配套设施，也为居民提供商业、办公、文化、休闲等全方位生活服务。匠心坚守，初心如一，绿城管理就这样始终践行着"为更多人造更多好房子"的价值观。

杭州钱江世纪城安置房实景

内外双修，现代审美

杭州钱江世纪城安置房，浙江

杭州钱江世纪城安置房毗邻杭州亚运村。为契合奥体板块现代化的城市面貌，打造高品质保障住宅，建筑立面造型采用公建化设计手法，营造出生动时尚的住区形象。

现代立面，至简表达

设计重点对安置房的造型进行研发迭代，以匹配奥体核心板块年轻、现代、运动的氛围。6个地块风格和而不同，建筑造型现代、简约、挺拔，与奥体板块奋发、崭新的精神内核融于一体。住宅造型采用公建化风格，通过户型错动，形成体量的进退，通过线条和材料颜色的变化，建立起竖向的秩序感。

整体鸟瞰

建筑立面

项目名称	杭州钱江世纪城安置房
项目地点	浙江，杭州
建筑设计	BA设计、浙江绿城利普建筑设计有限公司
景观设计	浙江绿城景观工程有限公司、浙江绿城利普设计有限公司
精装设计	浙江武弘建筑设计有限公司、浙江绿城利普设计有限公司
总包单位	大立建设集团有限公司、国丰建设集团有限公司、天伟建设集团有限公司
用地面积	约2.1万㎡
总建筑面积	约102万㎡
开工时间	2019年09月
竣工时间	2022年09月
荣誉奖项	杭州市建设工程西湖杯奖优质工程

亚运之家，共享花园

通过现代流线型的景观手法，各空间被溶解、渗透，形成共享活力的空间氛围。每个地块都有休闲跑道，串联起各活动及运动的场所，希望在亚运盛会的举办后，为安置人群带来更多的健康与活力。园区的公共空间按照全龄化体系构建，且通过地面图案增加人群的参与性。活动区设置跑、跳、健身相关的图案；老年活动区设置棋盘修养身心，感受园区生活的惬意和活力。

内外结合，家的归属

室内设计线条简约明快、错落有致，整体造型采用黑白灰的色彩体系，彰显项目整体的品质感、高级感，空间的动线与建筑完美契合，为业主提供直观的归家感受；地下车库单元入户前厅均设置地下光厅，形成"尊享迎接"的独特空间。

远眺园区

接旧链新，致敬传统

义乌曲江风荷，浙江

义乌曲江风荷秉承新社区集聚安置理念，专注于"乡土、和谐、自然、舒适"的特色营造，充分利用当地安置村落所赋予的民俗文化内涵，将小区打造为一个依托地方风情，充分体现人文关怀的多元化人居环境综合体。

巧匠意，致敬旧回忆

地块南北方向较狭长，故在地块中部规划了一条东西向的开放街区，通过街道空间的收放、建筑节点的转换，重现佛堂老街的繁华商业历史。立面设计深度融合义乌传统文化，以垂直线条为主导构图，注重精准的比例和细致入微的细节。色彩搭配上采用江南民居的灰白和暖灰色调，结合具有传统气息的褐色窗框，呈现出新中式建筑的优雅风采。建筑细节从传统建筑中提取符号，运用于外窗、百叶窗、阳台栏板等部位，展现出丰富的传统之美。

续传统，赋能新生活

在场景设计上，充分考虑宗族礼仪传承和文娱庆典需求，通过空间的收放、节点的转换，将极具地方特色的中式荷花池、村民大戏台等融入其中，重现了场景记忆。经过层层归家动线，步入园林，别有洞天。光影之间，假山叠石，亭台楼阁，镜面水景，如梦如幻，如烟如雾。移步园区，修葺齐整的阳光大草坪是遛娃逗宠的绝佳场所，外围廊架是闲聊休憩会客的好去处，更有儿童游乐区、锻炼活动区等配套加持，满足全龄段健康人居要求。

项目名称	义乌曲江风荷
项目地点	浙江，义乌
建筑设计	浙江绿城建筑设计有限公司
景观设计	浙江绿城建筑设计有限公司
精装设计	浙江绿城建筑设计有限公司
总包单位	浙江稠城建筑工程有限公司、常升建设集团有限公司
用地面积	约13.9万m²
总建筑面积	约55.3万m²
开工时间	2018年09月
交付时间	2022年06月
荣誉奖项	2023年金华市建设工程双龙杯（优质工程）、2023年义乌市建设工程"商城杯"优质工程、2022年金华市建设施工安全生产标准化管理优良工地、2022年浙江省"优质园林工程"奖 金奖、2022年义乌市园林工程"商城杯"优质工程奖、2021年浙江省园林绿化工程施工安全生产标准化管理优良工地

戏台

景观空间

多元赛道：实现持续价值

　　绿城管理通过对政策和市场的感知，前瞻性地调整战略布局和客户结构，更多地向国有企业、城投公司等主体倾斜，以此降低行业调整的大环境影响；同时，倚靠良好的甄别能力和风险隔离能力，强大的信用背书和品牌形象，优秀的资源整合力和执行落地力，绿城管理不断探索资方代建、不良纾困项目等业务机会，寻找新的增长极。

　　此外，绿城管理还不断扩展代建品类范围，如TOD、产业园区、汽车城等，体现了在不同赛道的产品营造能力。

杭州绿城·西溪深蓝实景

逐梦深蓝，未来已来

杭州绿城·西溪深蓝，浙江

杭州绿城·西溪深蓝作为新型孵化类办公建筑，将用户需求作为原动力，以打造开放、包容、多元的文化场所，承载社交、娱乐、生活、学习等多重可能性。

孵化"X"场所

为尽可能利用自然采光、通风及景观绿化，依据斜穿方形的对角线，将回字形的建筑形体斜向切割3次。纯粹的几何体切割，使建筑较好地融合了整个城市界面，同时又保持了新型孵化类办公建筑的独立性格，以全玻璃立面拉近室内外的感官距离，与科技创新主题相契合。

模块化体系

办公单元为不同进深的3种模块，4.75m层高给用户提供了更多可变空间的可能。这些办公模块通过单边走道或者内走道组合在一起，顺应建筑体块"X"的造型。结合空调机位，设计分别采用斜向幕墙单元和正交幕墙单元两种幕墙单元，创造出独特、干净的立面。

项目名称	杭州绿城·西溪深蓝
项目地点	浙江，杭州
建筑设计	绿城六和建筑设计有限公司
景观设计	杭州匠风园林景观设计有限公司
精装设计	杭州大诠建筑设计有限公司、上海汉敦建筑装饰设计工程有限公司
总包单位	浙江祥生建设工程有限公司
用地面积	约0.5万m²
总建筑面积	约3.6万m²
开工时间	2019年08月
竣工时间	2022年12月
荣誉奖项	2022年AMP美国建筑大师奖、华为屏保入选、GHDA环球人居设计大奖 2022—2023年度银奖、2022年美国MUSE缪斯设计奖金奖

样板间室内空间

样板间室内空间

整体鸟瞰

乌托邦式的复层景观

复层景观的整体设计理念以菱形、三角等几何元素为主基调，钻石切面等工艺手法与建筑幕墙的设计理念一致，使建筑元素延续到景观设计，形成建筑、景观的一体化设计。景观铺装以高级灰为主色调，不同灰度铺装镶嵌形成整体的流畅性，符合当下年轻人的主流审美，又与室内的家具色系相呼应，承载了不同的生活场景。

至简轻奢的光线美学

室内设计风格偏向低调自然，米白色油漆与深色软装搭配，干净自然的同时传达了木材的温度；实木质感的木地板，搭配大理石台阶，使得空间品质提升，更加亲人与轻松。

隔水远眺建筑

多元总部，匠心独步

杭州华云科创中心，浙江

杭州华云科创中心位于钱塘新区，对推动钱塘区工业转型升级、增强发展动能、注入发展新活力具有重要意义。华云科创中心，作为华云集团未来发展的重要产业平台载体，目标是打造融工作、生活、生态、休闲于一体的生态活力标杆型企业总部。

多元复合，生态办公园区

依据实际使用需求，项目规划了"生态核心引领，南北轴线组织，立体环廊串联，多条通廊发散"的大疏大密空间布局。

通过布局层级丰富的景观空间，形成不同功能导向的公共场所，以容纳不同属性的室外活动。园区景观同样采用立体式多层次布局，多处设置生态绿化空间，提供多元的停留与共享空间，使功能具备更多的可能性，打造真正的花园式总部。

项目名称	杭州华云科创中心
项目地点	浙江，杭州
建筑设计	启迪设计集团股份有限公司
景观设计	启迪设计集团股份有限公司
精装设计	启迪设计集团股份有限公司
总包单位	浙江省建工集团责任有限公司、浙江省三建建设集团有限公司
用地面积	约5.9万m²
总建筑面积	约21.1万m²
开工时间	2020年11月
竣工时间	2023年05月
荣誉奖项	西湖杯结构优质奖、浙江省标化工地、杭州市绿色建筑和建筑节能示范项目、杭州市新型建筑工业化示范项目、浙江省智慧工地示范项目

建筑立面细部

园区整体鸟瞰

匠心营造，共创城市的美丽

　　立面由铝板与玻璃交替组成，每一片玻璃幕墙的背后，浸润着一颗精益求精的工匠之心。项目落成填补了该区域公共空间的空白片段，为办公带来了愉悦体验，成为区域的标志性符号。

精益求精，管理创造价值

　　项目属于较复杂的公建类型，绿城管理凭借丰富的房产开发和工程管理经验，将优秀的管理能力与专业的技术支持深入结合，实现品质、效率、效益、成本等多项指标的平衡，为复杂业态项目开发建设保驾护航，最终将"生态活力标杆型企业总部"的目标完美落地。

讯飞双园，东方智慧
合肥科大讯飞总部，安徽

针对合肥总部项目，科大讯飞的期望是：水平最高的企业总部基地、最令人向往的产城融合基地、引领时代的智慧园区标杆，同时能体现东方哲学的智慧，兼顾阳光与自然、善意与和谐、简洁与通透、创意与灵感。

据此，园区规划提出"Park X"和"Campus X"两大理念——以城市公园的整体性设计建立新的城市文脉；以人性化的尺度建立功能复合、场景多元、高效通达的校园式总部办公。

Park X：公园中的总部

"Park X"赋予了场地双重意义——大尺度视野下的城市公园，以及绿色可持续的公园式办公。

设计在场地内释放出大量景观空间，4个地块以景观廊道关联，并规划有慢行系统，使得各室内外空间共同组成综合性城市艺术公园，实现在科技公司逛公园、看展览的体验。

项目名称	合肥科大讯飞总部
项目地点	安徽，合肥
建筑设计	line+澜加（杭州）建筑设计事务所有限公司
景观设计	line+澜加（杭州）建筑设计事务所有限公司
精装设计	line+澜加（杭州）建筑设计事务所有限公司、苏州金螳螂建筑装饰股份有限公司
总包单位	中国建筑一局（集团）有限公司
用地面积	约14.9万m²
总建筑面积	约35.9万m²
开工时间	2023年04月
竣工时间	在建筹备
荣誉奖项	安徽省钢结构行业第八届"皖钢杯"2022—2023年度优质工程奖

整体鸟瞰效果图

入口效果图

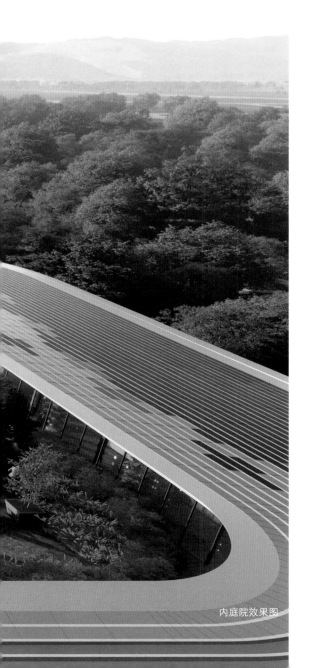

内庭院效果图

Campus X：未来校园式总部

"Campus X"汲取古典院校的中轴布局，融入创新奋进、独立自由的大学精神，打造校园式总部。

在超尺度的体量中融入亲人尺度的空间场所，营造年轻活力、灵感迸发的人文氛围；办公空间注重可持续性、智能化、多重体验和丰富社交场景，以多样弹性的、无边界的共享空间激发创意，实现高效协同办公。

科大讯飞新形象

未来感的界面构建出高新科技的外表皮与人文生态的内体验相互渗透的关系。建筑表皮以简练的超白玻璃、彩釉玻璃、银灰色铝板为主材组成幕墙体系，透明材质的使用使内与外的关系更为自然紧密。

乐活校园，趣味庭院

杭州硅谷小学，浙江

杭州硅谷小学位于滨江区，委托方的目标与期望是"在最美的城市，建最美的学校"。项目秉持"乐活校园"的核心理念，采用"拼图式""串联式""庭院式"的设计，旨在为学生提供丰富有趣的校园空间。

丰富、趣味、链接

教学组团平面以儿童教育中的拼图为基本母题，曲折的形态围合成丰富的教学空间。各教学组团和行政、体育馆以平台及连廊联系，形成内向安静的庭院，通廊、退台、灰空间、台阶等提供了多层次的自由活动空间。建筑立面以各组团分区色彩形成视觉指引，营造了丰富活跃的校园氛围。

项目名称	杭州硅谷小学
项目地点	浙江，杭州
建筑设计	同济大学建筑设计研究院（集团）有限公司
景观设计	同济大学建筑设计研究院（集团）有限公司
精装设计	同济大学建筑设计研究院（集团）有限公司
总包单位	浙江中南建设集团有限公司
用地面积	约3.1万m²
总建筑面积	约5.4万m²
开工时间	2020年05月
竣工时间	2022年08月

退台空间

中庭空间

建筑立面

学校鸟瞰

游戏、缤纷、乐园

景观设计以教育的4个核心活动"阅读""思考""讨论""游戏"为初表，形成完整丰富又色彩缤纷的乐园图景。院落景观节点从静到动，体现出游戏性、阅读性、聚集性、观演性等不同的空间特征，结合底部架空层的学生流线，提供了游戏化、互动性的体验。各教学组团的屋面形成"花海屋顶"，并设置屋顶农场，为师生提供了观景、认识自然与活动休憩的最佳场所。

拼图、可变、互动

室内设计延续"拼图"理念，以简洁现代的块面为主，用少量鲜明的色彩加以点缀，营造充满童趣的校园空间。通过顶面的变化、趣味家具的设置、局部高差的设计等方式，创造出符合儿童心理的游戏性、互动性和场景化空间。

展望

在这变化万千的世界里，仍有历久不变的事物——大自然的无尽绿。

应时而动，顺势而为，绿城希望自身不仅常变，还能长青。

在这个更加考验产品力、追求创造力的时代，如何围绕"时"来打造让人期待的作品，成为绿城深入思考和探索的课题。绿城中国董事会主席张亚东希望让更多人住上"高颜值、极贤惠、最聪明、房低碳、全周期、人健康"的好房子。

"高颜值"是绿城对美的不懈追求。从外观设计到室内装饰，从色彩搭配到线条勾勒，每一细节都经过匠心独运，展现出和谐与艺术的融合，为美好生活提供了万般可能。在新材料和新工艺的探索上，绿城不断精进，以创新驱动颜值的提升，为居住者带来美的享受。

"极贤惠"则是绿城对居住者深切关怀的体现，它源自对人性的深刻理解和对生活的尊重。绿城的设计理念以人为本，关注并满足用户的实际需求，通过精心的设计，让每个细节都散发出温馨和舒适，让每个空间都充满生活的温度。

"最聪明"展现了绿城对智慧生活的探索。绿城利用前沿科技，打造智能化的居住体验，让智能安防、节能照明、温控系统等科技元素渗透到生活的每一个角落，不仅提升了生活的便捷性和安全性，更让科技的智能成为提升生活质量的重要力量。

绿城的"房低碳"理念不仅是一种环保承诺，更是一种对未来生活方式的引领。在房地产向绿色低碳转型的大趋势下，绿城致力于研发绿色建筑，采用环保材料，实现节能减排，推动社区向可持续方向发展，为地球环境的保护贡献力量。

"全周期"的服务理念体现了绿城对居住者一生的陪伴。从设计到建造，再到交付和维护，绿城在每一个环节都追求卓越，确保为居住者提供连贯的高品质居住体验。无论是孩童的活泼还是长者的安宁，绿城都以全周期的服务理念，提供细心的呵护。

"人健康"是绿城对健康生活方式的坚持和倡导。绿城以健康为最高标准，打造适宜的居住环境，让清新空气、盎然绿意和舒适的室内环境成为健康生活的常态。绿城的每一次设计和建造，都是对居住者身心健康的深度关怀。

绿城，如同春日的使者，带着无限的生机与希望，为人们带来更加美好的居住体验。在这里，每个家庭都能享受到绿城好房子带来的温馨、舒适、健康和便捷，每个梦想都能在绿城好房子中生根发芽，绽放出生活最绚丽的花朵。

跋

我们一直在思考，在房地产行业深度调整的当下，什么是公司的生存之本？又是什么能让绿城在行业变革中保持领先？答案最终落在绿城的"产品力"上。

产品力的提升源于不断的创新。我们强调创新必须服务于经营，不仅体现在设计和风格上，还要涵盖功能、成本和使用场景等多个维度，真正从客户视角出发，实现全方位的创新。这其中包括封装能力，可复制、可推广，快速响应市场变化和客户需求，也包括协同能力，集团与区域双轮驱动，拉通底层能力，实现跨专业、跨部门的紧密合作。

我们珍惜每一寸土地的价值，在行业回归本源，进入高品质竞争的时代背景下，将产品力打造成为系统工程。《创造城市的美丽——绿城产品年鉴 2022—2023》的出版，是近两年产品创新和营造的成果集合，为高质量发展奠定基础。

以此为契机，绿城将继续深化产品力，以创新为驱动，以品质为基石，不断巩固企业在行业中的引领地位，迎接更多挑战。

郭佳峰

附录
2022—2023年设计、在建与竣工项目

总计 751 个项目（含分期），其中重资产项目 327 个，代建项目 424 个

理想人居

成都锦海棠	杭州汀岸芷兰	青岛文澜锦园	永康柳岸晓风
台州凤起潮鸣	杭州汀岸晓庐	天津市西青区水西	宁波新桂沁澜
杭州云诵桂月轩	杭州杭樾润府	济南春月锦庐	宁波春语文澜
丽水湖境云庐	杭州春知海棠	青岛桂语朝阳	北京沁园
北京晓月和风	杭州和颂春风	舟山春来晓园	宁波滨河沁月
上海绿城留香园	杭州晓月和风	深圳桂语兰庭	奉化锦上月鸣
上海绿城春晓园	杭州月映海棠	德清晓园	奉化凤悦印湖
上海绿城沁兰园	杭州燕语海棠	温州春月江澜	南京云萃府
杭州桂月云翠	杭州燕语春风	无锡桂语云间	大连海上明月A2地块
杭州玉海棠	杭州春咏风荷	青岛和锦玉园	大连海上明月A3、A4地块
余姚映翠晓园	杭州晨语汀澜	哈尔滨诚园	金华望山隐庐
天津桂语听兰二期	昆明柳岸晓风	金华沁园	嘉兴桐乡凤栖春澜
杭州芝澜月华	台州晓风印月	金华翠湖晓园	天津柳岸晓风
杭州丽澜轩	德清春月锦庐	天津桂语听兰	天津凤起悦鸣
上虞晓风印月	北京桂语听澜	泰州春晓江南	天津桂语朝阳
苏州春月锦园	北京晓风印月	泰州桃李春风	青岛和锦诚园
杭州咏溪云庐	北京西山云庐	天津水西云庐	扬州云筑
临海江澜鸣翠	宁波春风晴翠	西安春和印月	武汉留香园
杭州汀桂里	南通桂语朝阳	北京学府壹号院	青岛寰宇时代
西安凤鸣海棠	临安桃李望湖	徐州翠屏风华	沈阳龙湖樘前
西安春熙海棠	杭州咏桂里	徐州和著湖山	慈溪汀澜鸣翠
大连海韵晓风	杭州月咏新辰轩	徐州明月春晓	杭州咏荷郡
宁波燕语春风	杭州晓月映翠	徐州昆仑一品	武汉湖畔云庐
杭州汀岸辰风	马鞍山陶然里	西安桂语云境	宁波滨河鸣翠
杭州月依星河	南京未来里	苏州御湖上品	西安柳岸晓风
杭州紫棠园	杭州沁桂轩	义乌桂语兰庭	宁波春熙云境
嘉兴晓风印月	杭州月映星语	舟山凌波秋月	千岛湖湖畔澄庐
西安月映海棠	济宁城投瑞马天悦二期	德清晓月澄庐	杭州桂语新月
宁波凤鸣云翠	济宁城投瑞马天悦一期	扬州云萃	杭州山澜桂语
苏州云庐	扬州凤鸣隐庐	长沙凤起麓鸣	哈尔滨杨柳郡
杭州桃李桂香	广州桂语汀澜	重庆春月锦庐	西安南山云庐
杭州樾鸣春晓	吴江春风湖滨	扬州凤鸣云庐	衢州兰园
杭州馥香园	合肥星澜湾	无锡宜兴和玺	西安和庐
上海前滩百合园	成都桂语江澜	长沙桂语云峯	盐城晓风印月
	成都桂语麓境	苏州泊印澜庭	杭州云栖燕庐

杭州湖上春风	苏州朗月滨河	丽水桂语兰庭	余姚凤鸣云庐
杭州江畔锦园	武汉桂语朝阳	大连明月听澜	苏州逸品澜岸
杭州江上臻园	临海桂语江南	温州桂语江南	苏州观澜逸品
杭州潮听明月	余姚春澜璟园	北京明月听兰	义乌万家风华
杭州沐春明月	南通湖境和庐	北京和锦诚园	温岭悦景园
新疆理想之城	德清浙工大诚园	北京奥海明月	无锡诚园
成都桂语朝阳	衢州凤栖云庐	宿迁梨园湾小镇	西雅图澜庭
武汉春风里	永康桂语云溪	宁波春月江澜	杭州龙坞茗筑
成都桂语听澜	宁波春月云锦	北京颐和金茂府	合肥兰园
济南春来晓园	宁波春来晓园	杭州春来枫华	苏州柳岸晓风
烟台春熙海棠	杭州晓月澄庐	武汉锦粼九里	杭州春月锦庐
福州文澜明月	宁波春熙潮鸣	成都明月青城	杭州春来晓园
大连桂语朝阳	福州桂语映月	嘉兴风荷九里	大连玫瑰园葡萄酒小镇
福州海棠映月	无锡宸风云庐	安吉天使小镇	杭州桂语听澜
武汉诚园	大连湖畔和庐	上海新湖明珠城	宁波明月江南
宁波春来云潮	新疆明月兰庭	济南诚园	西安桂语兰庭
宁波春熙月明	石家庄桂语听澜	南通桂语江南	郑州明月滨河
德清凤栖桃源	临安桂语李湖滨	宁波芳菲郡	重庆晓风印月
海安桂语听澜	苏州明月江南	奉化朝华郡	南通诚园
广州江上沄启	启东海上明月	郑州湖畔云庐	广州柳岸晓风
昆明凤起兰庭	象山桂语江南	昆明诚园	天津诚园
长沙明月江南	杭州龙坞茗春苑	永康桂语听澜	合肥诚园
大连沁园	杭州江河鸣翠	合肥桃李春风	杭州晓风印月
杭州春来雅庭	上海青蓝国际	佛山杨柳郡	温州凤起玉鸣
宁波春语云树	沈阳新湖仙林金谷	佛山云悦江山	重庆桂语九里
佛山桂语映月	沈阳新湖美丽洲蒲堤春晓	北京金茂府二期	武汉凤起听澜
瑞安兰园	宁波春月金沙	徐州诚园	济南春风心语
宁波凤凰城金融中心	金华春熙明月	济宁湖畔云庐	成都诚园
杭州雅泸名筑	杭州桂语映月	宁波晓风印月	北京西府海棠
泰州桂语听澜轩	如东明月江南	重庆春溪云庐	武汉凤起乐鸣
盐城桂语江南	苏州明月滨河	天津桂语映月	温州西江月
眉山湖畔云庐	石家庄桂语江南	济南明月风荷	南京云栖玫瑰园
济南桂语朝阳	济南天宸原著	广州晓风印月	杭州西溪云庐
烟台兰园	天津诚园W3	大连诚园	天津桃李春风
奉化凤麓和鸣	义乌晓风印月	杭州春风金沙	北京壹亮马

杭州桃李春风

济南玉兰花园

沈阳全运村

新疆百合公寓

象山白沙湾玫瑰园

上海黄浦湾

杭州翡翠城

绿城·富阳富春玫瑰园（代建）

绿城·桐庐春江桃源（代建）

绿城·杭州春江潮鸣（代建）

绿城·杭州云溪里（代建）

绿城·建德新安明月（代建）

绿城·杭州春境东来院（代建）

富阳富春94号地块项目（代建）

富阳36号地块项目（代建）

绿城·武义桃花源（代建）

多弗绿城·温州江心明月（代建）

绿城·温州桂语青澜（代建）

绿城·桂语江南（代建）

温州六和院（代建）

城投绿城·海宁水月云庐（代建）

绿城·台州心海里（代建）

交投绿城·境上云庐（代建）

余姚子陵路项目（代建）

绿城·晋江晋府诚园（代建）

武发绿城·南平桂语听澜（代建）

福建漳州香山湾项目（代建）

绿城·南京明月风荷（代建）

绿城·泰兴春江明月（代建）

常熟海虞北路项目（代建）

江阴澄江明月（代建）

城发绿城·江阴澄云庐（代建）

无锡凤鸣山庄（代建）

绿城·靖江城市桂语（代建）

绿城·泰州凤鸣山河（代建）

徐州高新区G26、27项目（代建）

扬州柳岸晓风（代建）

绿城·南通柳岸晓风（代建）

太仓明月听澜（代建）

绿城·淮安桂语江南（代建）

淮北建投绿城·淮北诚园（代建）

绿城·青岛西海云庐（代建）

博兴桂语朝阳（代建）

远大绿城·高密桂语朝阳（代建）

绿城·烟台留香园（代建）

烟台桂语江南A、B地块（代建）

绿城·青岛澜园（代建）

上海783街坊旧改项目（代建）

绿城·广州江府海棠（代建）

广州揽江印月（代建）

绿城滨江·江门潮闻东方（代建）

东汇绿城·海口桂语兰庭（代建）

绿城·文昌桂语天澜（代建）

海南临高琉金岁月项目（代建）

万宁市食品厂棚户区改造项目（代建）

绿城·石家庄豫府（代建）

绿城·石家庄留香园（代建）

绿城·石家庄御河上院（代建）

绿城·石家庄凤鸣朝阳（代建）

绿城·石家庄云洲（代建）

唐山珑湖丽宫（代建）

邢台运输集团项目（代建）

绿城·张家口濮园（代建）

绿城·安平兰园（代建）

天津南湖映月（代建）

西安郭北GB1地块项目（代建）

西安郭北GB7地块项目（代建）

渭南市韩马村项目（代建）

谷中心城投 绿城·武汉云庐（代建）

武汉天誉项目（代建）

武汉市宝龙达爱家项目（代建）

经开绿城·武汉柳岸春晓（代建）

武汉桂语江南（代建）

武汉黄陂项目（代建）

绿城·开封春江明月（代建）

绿城·郑州柳岸晓风（代建）

绿城·安阳桂语江南（代建）

绿城·郑州桃花源（代建）

绿城·中牟百合新城（代建）

天伦桂语兰庭（代建）

绿城·中牟银榕院（代建）

绿城·平顶山湖岸新城（代建）

新乡市延津县平安大道项目（代建）

周口融园（代建）

中牟海港坊项目（代建）

长沙大泽湖项目（住宅地块）（代建）

长沙万象公园&万象府台项目（代建）

绿城·乌鲁木齐春江明月（代建）

绿城·西安江城阅（代建）

绿城 · 泾阳桂语天境（代建）

绿城海鸿·喜悦府（代建）

绿城·兰州诚园（代建）

眉山小镇项目（住宅）（代建）

宜宾三江项目（代建）

毕节南山映（代建）

毕节未来城项目（代建）

绿城·版纳春江明月（代建）

淮矿绿城·淮北中湖明月（代建）

绿城·庐山桃李春风（代建）

市政绿城·南昌桂语江南（代建）

绿城·德清西溪锦庐（代建）

绿城·乌镇兰园（代建）

绿城·桐乡和园（代建）

桐乡凤鸣街道项目（代建）

云天绿城·庆云百合花园（代建）

绿城·莘县诚园（代建）

东阿诚园（代建）

绿城·安丘田园牧歌（代建）

绿城·昌乐玉园（代建）

绿城·潍坊江南赋（代建）

绿城·潍坊桂语江南（代建）

绿城·潍坊春风江南（代建）

绿城·潍坊桂语朝阳（代建）

城建绿城·博兴海棠映月（代建）

绿城·长沙桂语云著（代建）

孟村诚园（代建）

绿城中正·太原诚园（代建）

孟村诚园（代建）

绿城·临安鹤亭春语燕来（代建）

绿城·吉瑞府（代建）

宁波御海云庐（代建）

宁波和樾湾（代建）

绿城·常州江南里（代建）

绿城·常州桃源东方（代建）

城投绿城·春熙印月（代建）

城发民生绿城·济南明月观澜（代建）

绿城德达·德州兰园（代建）

绿城德达·玉兰花园（代建）

德州郭家庵北地块项目（代建）

城投绿城·齐河春风晓庐（代建）

绿城·乐陵明月风和（代建）

德州齐河项目（代建）

齐河妇幼东东项目（代建）

绿城恒泰·邹城云溪海棠（代建）

绿城·石家庄诚园（代建）

绿城·邢台诚园（代建）

绿城·保定兰园（代建）

绿城·承德桃源里（代建）

绿城·毕节明月听澜（代建）

中交绿城·库尔勒诚园（代建）

杭州富阳高桥项目（代建）

绿城·济南兰园（代建）

绿城·济南深蓝广场（代建）

绿城·海棠映月（代建）

绿城·瑞安桂语榕庭（代建）

绿城·缙云云上兰庭（代建）

嵊州中翔温泉城（代建）

绿城大环·黄岩凤启潮阳（代建）

绿城·苏州紫薇花开（代建）

南京六合项目（代建）

山东临沭项目（代建）

武汉蔡甸区项目（代建）

奉节江南山水（代建）

柳州嘉鹏中央城破产重组项目（代建）

天津子牙尚林苑二期项目（代建）

绿城·西安清水湾（代建）

绿城·桃李江南（代建）　　　绿城·明月湾（代建）　　　绿城·仁怀月映江南（代建）　　　绿城·烟台桂语江南（代建）

绿城·银川兰园（代建）　　　绿城·明月湾（代建）　　　绿城·重庆春风晴翠（代建）　　　绿城·高安湖畔云庐（代建）

绿城·三亚海棠潮鸣（代建）　　绿城大锦·榆林留香园（代建）　　城投绿城·成都凤起兰庭（代建）　　杭州沁香公寓项目（代建）

绿城·三门明月听澜（代建）　　滨州湖境春风（代建）　　　遂宁大英丝路奇幻城项目（代建）　永康高塘村地块项目（代建）

绿城·温岭凤鸣玖珑（代建）　　力高绿城·杭州檀影云庐（代建）　广州南沙项目（代建）　　　台州数码城二期项目（代建）

温州平阳项目（代建）　　　绿城·任丘诚园（代建）　　　花都天贵路项目（代建）　　　烟台芝罘区港城大街项目（代建）

绿城·泰州桂语映月（代建）　　邯郸中央商务区B05项目（代建）　花都凤凰北项目（代建）　　　聊城临清项目（代建）

绿城·曹县桂语铂悦（代建）　　绿城·邯郸柳岸晓风（代建）　　绿城·东莞桂语旗峰（代建）　　临沂云溪海棠（代建）

绿城·周口留香园（代建）　　　汉中海德项目（代建）　　　长沙大王山众星项目（代建）　　绿城·南昌春熙明月（代建）

郑州翰林华庭项目（代建）　　余姚三七大池墩水库北侧项目（代建）　长沙市岳麓区众联谷山院项目（代建）　五莲杏石温泉旅游度假区项目（代建）

绿城·嵊州檀山府云庐（代建）　绿城·松阳春风里（代建）　　绿城·山与墅（代建）

绿城·南京凤栖潮鸣（代建）　　绿城·常州桂语映月（代建）　　西安桂语晴澜（代建）　　　**城市更新**

昌吉市北大路139号项目（代建）　镇江项目（代建）　　　西安江语云庭（代建）　　　广州桂语汀澜

乳山市老城区ES14街坊26、28、36地　海南佰悦湾项目（代建）　　西安桂语未央（代建）　　　上海弘安里

块项目（代建）　　　嘉兴国商高铁山姆地块项目（代建）　春鸣里项目（代建）　　　安徽芜湖项目（代建）

绿城·阜南桂语鹿鸣（代建）　　天台始丰湖北项目（代建）　　拾光屿项目（代建）　　　绿城·松阳春风里（代建）

绿城·亳州桂语听澜（代建）　　宁波象山县南部新城项目（代建）　琉光屿项目（代建）　　　永康南苑区块旧城改造安置房一期项目

宿州兰园（代建）　　　绿城·宁波春栖月颂府（代建）　绿城·阿克苏金溪澜庭（代建）　　（代建）

绿城·宁国明月江南（代建）　　宁波慈溪白沙项目（代建）　　绿城·大连山与墅（代建）　　永康南苑区块旧城改造安置房二期项目

眉山绿城隐都项目（代建）　　绿城·天津春熙云峰（代建）　　沈阳市于洪区于洪新城92号地块项目　（代建）

绿城·潍坊桂语听澜（代建）　　绿城·天津晓月晴川（代建）　　（代建）　　　杭州萧山宁围旧改项目（代建）

绿城·淄博春风瑞园（代建）　　绿城·石家庄锦庐（代建）　　长春桂语听澜（代建）　　　2022城市有机更新-中国人民银行安吉

绿城·洛阳春和璟明（代建）　　北京G43项目（代建）　　　三亚澳洲城项目（代建）　　　支行金库新建工程（代建）

创联绿城·呼和浩特玖悦府（代建）　国控绿城·桂语和风（代建）　　绿城·千岛湖柳岸晓风（代建）　　杭州萧山梅林旧改项目（代建）

呼和浩特海东路（代建）　　新国联绿城·江阴运河壹号（代建）　绿城·靖江春江明月（代建）

浦开绿城·上海江南春邑（代建）　江阴澄境2022-C-9号地块项目（代建）　绿城·亳州玫瑰园（代建）　　**未来社区**

上海团结村E1d-01地块项目（代建）　瑞海绿城·海安春和雅院（代建）　绿城·亳州桐华郡（代建）　　衢州鹿鸣未来社区

上海团结村E1d-05地块项目（代建）　如皋R2022054地块项目（代建）　绿城·呼和浩特润园（代建）　　北京沁园

上海张家浜C2d-01地块项目（代建）　新国联绿城·运河壹号（代建）　长投绿城·武汉兰园（代建）　　宁波通山未来社区

上海张家浜C2c-04地块项目（代建）　无锡凤栖星澜（代建）　　歌尔绿城·潍坊桃园里（代建）　　衢州礼贤未来社区

安徽芜湖项目（代建）　　　绿城·无锡奥体潮鸣（代建）　　绿城德达·德州玉园（代建）　　绍兴桂越风华（代建）

长沙市梅溪湖麓云路项目（代建）　无锡奥体北项目（代建）　　山能德圣绿城·枣庄玉兰花园（代建）　绿城·温岭柳岸晓风（代建）

郑州雁鸣湖静泊山庄（代建）　绿城·无锡凤鸣江南（代建）　　绿城·长兴桃花源（代建）　　宁波天鑫未来社区TOD项目（代建）

绿城·西安桂语沣漾（代建）　　无锡惠山区阳山新太阳项目（代建）　宏基·长葛绿城百合（代建）　　舟山定海蔡家墩项目（代建）

绿城·宝鸡云溪太白（代建）　　宿迁宿豫区2022（经）宿豫09项目　绿城·横店桂语江南（代建）

绿城·温州海棠鸣翠（代建）　　（代建）　　　绿城·咸阳桂语江南（代建）　　**理想小镇**

温州牛山单元HX-ns02-048地块项目　济南云栖府项目（代建）　　绿城·临安国际社区（代建）　　鹰潭鹤鸣溪谷

（代建）　　　济宁任城区项目（代建）　　绿城·南通澄上云庐（代建）　　衢州春风江山

绿城·宣城玉园（代建）　　　济南历城区济钢包2包3项目（代建）　众安绿城·杭州南湖明月（代建）

盐城桂语江南
启东海上明月
成都川菜小镇
高安巴夫洛
杭州隐庐
海盐春风如意
嵊州越剧小镇
海南蓝湾小镇（玉兰苑）
海南蓝湾小镇（潮鸣苑）
海南蓝湾小镇（观云居）
青岛理想之城
舟山长峙岛（明程）
舟山长峙岛（中稷）
长沙青竹园
杭州桃源小镇
中核绿城·扬州春江明月（代建）
绿城·宿迁湖滨四季（代建）
九洲绿城·珠海翠湖香山国际花园（代建）
绿城·海口桃李春风（代建）
绿城·太原春风如苑（代建）
绿城·西宁桃李春风24#地块（代建）
绿城·海东春江明月（代建）
绿城·银川桃李湖樾（代建）
桐乡濮园（代建）
绿城·盐官理想水镇（代建）
歌尔绿城·潍坊浞河小镇（代建）
中汽绿城·银川凤凰和庐（代建）
山东高速绿城·东营理想之城（代建）
绿城·张家口燕语桃源（代建）
绿城·浦江桃源十里（代建）
中核绿城·株洲云栖桃源（代建）
秦皇岛海螺岛项目（代建）
绿城·句容湖畔云庐（代建）
太原官山园著（代建）
绿城·银川桃李春风（代建）
绿城·昆山桃源锦绣小镇（代建）
绿城·大连海天云庐（代建）
绿城·无锡桃花源（代建）
绿城·长沙高尔夫小镇（代建）

泰安山东商会企业家园项目（代建）
泰安山东商会总部基地项目（代建）

TOD/城市综合体

大连海上明月A3、A4地块
哈尔滨杨柳郡
大连沁园
宁波云栖桃花源
奉化旭阳郡
宁波咏兰郡
福州榕心映月
杭州中心
宁波中心四期
青岛深蓝中心
诸暨绿城广场
温州鹿城广场三四期
海宁钱塘之门（代建）
宁波天鑫未来社区TOD项目（代建）
杭州奥邸国际（代建）

运动活力

西安全运村丹桂苑
西安全运村（芳华苑）
西安全运村（荷风苑）
西安全运村（涵碧苑）
西安全运村（西安皇冠假日酒店、西安
奥体国际、观澜）
杭州桂冠东方
西安全运村（木兰郡）
西安全运村（甘棠苑）

商用物业

扬州凤鸣隐庐
长沙凤起麓鸣
苏州泊印澜庭
武汉湖畔云庐
复星丝路总部
杭州云澜谷商务中心

西安全运村（西安皇冠假日酒店、西安
奥体国际、观澜）
广州晓风印月
苏州观澜逸品
绿城·杭州时代星火城（代建）
杭州转塘项目（代建）
杭州小和山项目（代建）
西投绿城·杭州浙谷深蓝中心（代建）
萧山潮闻天下商业地块（代建）
望江项目（代建）
绿城·武义桃花源（代建）
绿城·桂语江南（代建）
绿城·台州心海里（代建）
福建漳州香山湾项目（代建）
苏州新苏项目（代建）
绿城·淮安桂语江南（代建）
淮北建投绿城·淮北诚园（代建）
海口美视国际项目（代建）
保亭双大雨林温泉度假酒店（代建）
绿城·文昌桂语天澜（代建）
武汉南德九合项目（代建）
长沙大泽湖项目（商业地块）（代建）
绿城·乌鲁木齐春江明月（代建）
眉山小镇项目（商业）（代建）
淮矿绿城·淮北中湖明月（代建）
科大讯飞产业办公项目（代建）
绿城·庐山桃李春风（代建）
市政绿城·南昌桂语江南（代建）
桐乡凤鸣街道项目（代建）
城投绿城·济南深蓝时光（代建）
绿城·吉瑞府（代建）
宁波御海云庐（代建）
绿城·济南兰园（代建）
绿城·济南深蓝广场（代建）
绿城大环·黄岩凤启潮阳（代建）
咸阳财富中心二期项目（代建）
海南琼中百花岭项目（代建）
绿城·杭州三江明月（代建）
绿城·朱家尖真如湾（代建）

绿城·温州海棠鸣翠（代建）
富阳金固股份总部大楼项目（代建）
海南佰悦湾项目（代建）
嘉兴国商高铁山姆地块项目（代建）
天台始丰湖北项目（代建）
宁波象山县南部新城项目（代建）
宁波慈溪白沙项目（代建）
新国联绿城·运河壹号（代建）
大连润德中心项目（代建）
绿城·杭州钱潮湾（代建）
绿城·长兴桃花源（代建）
绿城·杭州西溪深蓝（代建）
舟山金塘李园酒店（代建）
台州数码城二期项目（代建）
绿城·大理深蓝广场（代建）

公共物业

大连海韵晓风
徐州和著湖山
盐城晓风印月
宁波芯创中心
徐州诚园
苏州逸品澜岸
西安桂语兰庭
杭州西溪诚园体育公园
多弗绿城·温州江心明月（代建）
温州六和院（代建）
台州仙居温都水城项目（代建）
武发绿城·南平桂语听澜（代建）
淮北建投绿城·淮北诚园（代建）
绿城滨江·江门潮闻东方（代建）
淮矿绿城·淮北中湖明月（代建）
市政绿城·南昌桂语江南（代建）
绿城大环·黄岩凤启潮阳（代建）
绿城·漳州桃花源（代建）
绿城·亳州桂语听澜（代建）
广州番禺海傍村项目（代建）
嘉兴双溪湖邻里中心项目（代建）
新国联绿城·运河壹号（代建）

绿城·仁怀月映江南（代建）
遂宁大英丝路奇幻城项目（代建）
绿城·亳州桐华郡（代建）
绿城·南昌春熙明月（代建）

保障物业

西安春风心语
海口药谷人才房项目（代建）
杭州大江东临江项目（代建）
杭州萧山世纪城一苑、二苑项目（代建）
杭州萧山丰二家园二苑、丰东家园项目
（代建）
杭州萧山丰二家园一苑、合丰家园项目
（代建）
萧山杜湖项目（代建）
杭州江干兴隆一期项目（代建）
杭州艮北新区项目（代建）
杭州江干科技园08地块项目（代建）
杭州江干科技园09地块项目（代建）
杭州拱墅区孔家埭项目（代建）
杭州拱墅区康桥项目（代建）
杭州拱墅半山项目（代建）
杭州拱墅半山112地块项目（代建）
杭州拱墅总管堂项目（代建）
杭州拱墅铁路北站项目（代建）
杭州拱墅七古登东新项目（代建）
拱墅独城项目（代建）
杭州拱墅祥符二期项目（代建）
杭州西湖兰里花苑项目（代建）
杭州西湖梧桐居项目（代建）
杭州大江东义蓬项目（代建）
杭州大江东新湾EPC项目（代建）
滨江长虹苑三期项目、十二区块三期
项目（代建）
滨江杨家墩项目（代建）
滨江宝龙东区块项目（代建）
滨江九区块项目、十区块七期项目、
十三区块四期项目（代建）
杭州下沙学校项目（代建）

金华多湖四期项目（代建）
金华多湖四期C地块项目（代建）
义乌小江滩项目（代建）
义乌古母塘项目（代建）
义乌湖塘项目（代建）
武义科技城项目（代建）
嘉兴南湖文昌花苑项目（代建）
绍兴上虞青春公寓项目（代建）
舟山普陀大洞岙项目（代建）
舟山定海庄湾项目（代建）
舟山云枫苑东侧项目（代建）
舟山普陀棉增项目（代建）
舟山岱山中试基地项目（代建）
舟山定海念亩墩项目（代建）
舟山定海小洋岙三期项目（代建）
舟山定海小洋岙四期项目（代建）
舟山岱山山外项目（代建）
舟山岱山东海项目（代建）
丽水莲都联城西项目（代建）
丽水莲都金周北项目（代建）
丽水莲都望城岭项目（代建）
丽水莲都城西四期项目（代建）
丽水南城张村项目（代建）
丽水南城公寓项目（代建）
丽水莲都路湾公寓项目（代建）
遂昌飞鹤家园项目（代建）
温州新桥项目（代建）
温州仙岩项目（代建）
温州南白象项目（代建）
温州瓯海秀屿项目（代建）
台州椒江项目（代建）
台州黄岩项目（代建）
滨江长二项目（代建）
丽水青田鹤城项目（代建）
舟山定海西山西侧路项目（代建）
杭州滨江十一区块项目（代建）
杭州余杭西站枢纽项目（代建）
杭州西湖三墩北项目（代建）
金华西郊一期项目（代建）

舟山长岗山项目（代建）
舟山邬家塘项目（代建）
萧山戴村项目（代建）
杭州江干华元电力项目（代建）
温州鹿城区学校项目（代建）
义乌佛堂日信项目（代建）
杭州建德大洋镇项目（代建）
杭州建德更楼项目（代建）
杭州毕方生产基地项目（代建）
拱墅拱宸大关项目（代建）
杭州西湖双桥塘河项目（代建）
舟山水街项目（代建）
温州乐清春江花月项目（代建）
滨江十五区块项目（代建）
丽水龙泉南秦项目（代建）
杭州萧山义桥项目（代建）
义乌佛堂王宅项目（代建）
杭州萧山耕文路东项目（代建）
杭州萧山耕文路西项目（代建）
台州净土岙项目（代建）
滨江九区块四期、九区块五期、九区块
六期项目（代建）

图书在版编目（CIP）数据

创造城市的美丽：绿城产品年鉴 . 2022—2023 / 绿
城中国编著 . -- 上海：同济大学出版社，2024. 12.

ISBN 978-7-5765-1349-3

Ⅰ . F426.9-54

中国国家版本馆 CIP 数据核字第 2024QZ1564 号

团队与版权说明

策划、编纂团队

策划研究：支文军　徐　洁
编辑成员：王梦佳　罗之颖
书籍设计：杨　勇　吴偲靓
出版统筹：顾金华

作者&文字统筹

《创新发展，行稳致远》（P1~5），作者：张继良
《流水的形骸，铁打的文脉》（P19），作者：支文军
《南宋的基因，江南的气韵》（P21），作者：徐洁
《自然的光影，绿意的生活》（P65），作者：宋淑华
《绿，是一个动词》（P101），作者：张海龙
《回归人本空间，演绎多彩人生》（P135~137），作者：周燕珉
《"第一"的担当，独有的确幸》（P163），作者：王俊峰
《梦回百年，摩登重归：上海弘安里》（P24~27），部分文字撰写：无间设计主创设计师吴滨
《生态社区，无界美学：月华系——杭州芝澜月华，浙江》（P36~39），部分文字撰写：浙江绿城
建筑设计有限公司（gad）建筑师王晓夏
作品部分文字统筹：郑希均、徐晓杭

图片图纸版权

精美大图1，P84~85：由goa提供，Rudy Ku拍摄；精美大图3，精美大图5，精美大图9，P7，P11，
P13，P14下，P21，P24，P25，P29上，P47，P57，P72~73，P90~91，P96，P97下，P98下，
P99，P104，P108，P111~P113，P117上，P144，P154，P160：杨光坤（奥观建筑视觉）拍摄；
精美大图8，P192：由GLA提供；P78，79，P93下：ZSD卓时拍摄；P2、P9、P51上：在野照物所
拍摄；P26~P27：由无间设计提供，钟子鸣 Jerry拍摄；P46：由九米提供，姚力（建筑译者）拍
摄；P49上，P65，P94~95：GTS 蓝颂设计|绿城环境拍摄；P55下，P81：亚景景观拍摄；P67，
P139，P143：周大伟拍摄；P74下，由AKASA万界提供，ingallery拍摄；P97：由GLA提供，张洋
洋拍摄；P101：由gad提供，存在建筑拍摄；P114：由gad提供，侯博文拍摄；P115：王英毅拍
摄；P122下，P123上：由gad提供，张洋洋拍摄；P127：gad拍摄；P129上：由ZSD卓时提供，
xf Photography拍摄；P174~175：由绿城·六合院（温州）提供；P177~179：由均正建筑提供；
P193：度时光拍摄；P196~197，由line+提供。

除上述说明外，本书其余图片、图纸均由绿城中国提供。在此，我们感谢所有图片的作者与提供者。

特别声明

创造城市的美丽——绿城产品年鉴 2022—2023

绿城中国 编著

责任编辑 由爱华　　**助理编辑** 严安妮　　**责任校对** 徐春莲　　**装帧设计** 杨　勇　吴偲靓
出版发行 同济大学出版社　www.tongjipress.com.cn
　　（地址：上海市四平路1239号　邮编：200092　电话：021-65985622）
经　销 全国各地新华书店
印　刷 上海雅昌艺术印刷有限公司
开　本 787mm×1092mm　1/8
印　张 30.5
字　数 609 000
版　次 2024年12月 第1版
印　次 2024 年12月 第1次印刷
书　号 ISBN 978-7-5765-1349-3
定　价 328.00元